DOHO 道法スタイル STYLE

# 野菜の垂直仕立て栽培

監修 道法正徳



ONE PUBLISHING

# CONTENTS



DOHO 道法スタイル STYLE
# 野菜の垂直仕立て栽培

# 第2章 野菜別 垂直仕立て栽培 …… 25

## 垂直仕立て栽培のすすめ

# 肥料を使わず、野菜の枝を縛り上げて仕立てる。野菜の収量が増えて、味がよくなる新発想の栽培法。

今、肥料を極力使わない栽培に取り組む生産農家さんが増えています。除草剤や農薬も使わない、自然栽培の農家さんです。

私は、全国各地、ときには海外にも赴いて自然栽培セミナーを開き、こうした農家さんたちと一緒に、野菜や果樹の「垂直仕立て栽培」の実践と普及に取り組んでいます。自然栽培セミナーには、家庭菜園を楽しまれている方々も多く参加され、熱心に垂直仕立て栽培を学んでいかれます。

野菜の垂直仕立て栽培は、文字通り、野菜の枝や葉をすべて垂直方向に誘引するという、これまでにない栽培法です。

農家さんだけでなく、家庭菜園の経験者なら「そんなふうに枝を縛り上げてしまって、本当に野菜がうまく育つのだろうか」と、疑問や不安を抱かれると思います。どんな野菜づくりの教科書にも載っていない栽培法ですから、無理もありません。

けれども、垂直仕立て栽培を取り入れた農家さんや家庭菜園愛好家のみなさんからは「収量が増えたうえに味がよくなった」「病虫害が気にならなくなった」といった感想が多く寄せられているのは事実です。

また、垂直仕立て栽培では、肥料、農薬、除草剤などを使いませんから、コ

ストが抑えられます。資源に頼らず、地下水を汚すこともなく、自然環境が守られるのも大きなメリットです。持続可能な農法だといえるでしょう。

第1章では、垂直仕立て栽培をするとなぜ野菜の育ちがよくなって増収につながるのか、そのメカニズムを解説します。野菜の草勢、花つき、結実、実の成熟など、生長過程や生理を決定する「植物ホルモン」の働きを知り、植物ホルモンを活性化させる方法である「垂直仕立て栽培」の基本を覚えましょう。

第2章では、家庭菜園でよくつくられる24品目の野菜について、垂直仕立て栽培の具体的な実践法を紹介します。垂直仕立て栽培はあらゆる野菜に応用できる栽培法で、堆肥や肥料を使わない不耕起の畑で大きな効果が得られます。土づくりの方法も折りに触れて紹介します。

本書を参考にして、みなさんの菜園に垂直仕立て栽培をぜひ取り入れていただきたいと思います。たとえばナスを6株育てるなら、そのうちの3株を垂直仕立てで育ててみて、従来の栽培法のナスと結果を比べてみるとおもしろいと思います。

本書が、みなさんの実り多い菜園ライフの一助になれば幸いに思います。

2020年春　道法正徳

# 本書でよく使われるキーワード

## 植物ホルモン

野菜の体内で生成される有機物で、微量で野菜の生長過程や生理を決める重要な物質です。

発根作用があるオーキシン、細胞分裂を促進する若返りホルモンのサイトカイニン、葉や枝を大きくする元気ホルモンのジベレリン、病虫害を抑え熟期を促進するエチレン、糖度を上げるアブシジン酸などがあります。

野菜の枝を垂直に仕立てるのはあらゆる植物ホルモンの活性をバランスよく高めるのが狙いです。

## 無施肥

土づくりの際に堆肥や肥料を施さないことです。垂直仕立て栽培では、土に人為的に肥料を施さない、無施肥栽培を行います。

## 不耕起

鍬やトラクターで土を積極的に耕すことはせず、一度つくった畝をしばらく使い続けることです。

ただ、まったく耕さないというわけではありません。新規の畑では土を耕します。その後も、崩れた畝の形を整える、タネまきや苗植えの際に植えつけ位置の周囲の土をほぐす、栽培中にかたくなった土の表層をほぐす（中耕や土寄せ）など、必要に応じて土を動かします。根菜類を収穫すると結果的に土を耕すことになります。

野菜や雑草の根と、土壌微生物の活動によってつくり出された土壌構造を耕うんによって壊すことなく、大事にキープして野菜づくりを続けます。垂直仕立て栽培では、無施肥・不耕起で野菜づくりを行うのが基本です。

## わき芽

野菜の節（枝と葉柄の付け根）から発生する芽のことです。通常栽培ではわき芽を摘んで整枝をして野菜を育てますが、垂直仕立て栽培ではわき芽は基本的に摘まずに伸ばします。

トマトやナス、キャベツやブロッコリーなどは、苗を定植して栽培を始めることが多いですが、直まき栽培すると育ちがよくなります。春先のタネまきには保温、夏秋のタネまきには暑さと虫よけの工夫をしましょう。

## ツルボケ

野菜の異常生長です。わき芽が増えて、枝葉ばかりが旺盛に茂って、花や実がつかなくなります。病虫害も増えやすく、収穫できても味が劣ります。肥料（窒素分）が効くとジベレリン量が増え、野菜はツルボケします。

## 直まき

野菜のタネを直に畑にまくことです。苗を植えて栽培をスタートしても構いませんが、タネを直まきした方が、根がよく発達します。無施肥の垂直仕立て栽培では、直まき栽培がおすすめです。

## 自家採種

育てた野菜からタネを採り、翌年また畑にまくことです。自家採種を続けると、野菜は畑の土やその土地の気候に合った性質に変化していきます。病虫害にも強くなり、育てやすくなるので、できる範囲で構いませんから、自家採種をすることをおすすめします。

なお、自家採種をするには、交配種のタネ（タネ袋に$F_1$種、○○交配などと記載されています）ではなく、固定種や在来種のタネ（固定種、○○育成などと記載されています）を選んでください。

交配種の場合、採ったタネを翌年まいても、同じ形質の野菜にはなりません。

# 第1章

## 道法スタイル 垂直仕立て栽培とは

# 枝を垂直に縛り上げる新発想の栽培法

☑ 生育がよくなり収量増が見込める
☑ 野菜の味がよくなり栄養価も高くなる
☑ 病虫害に強く、天候不良の影響も受けにくい

## 畑に肥料を施さない わき芽かきも行わない

垂直仕立て栽培とは、垂直に立てた支柱にすべての枝や茎を縛り上げて育てる栽培法です。

左ページの写真の通り、ナスもジャガイモも、サツマイモでさえも垂直方向に仕立てます。

また、わき芽かきも摘芯も、基本的に行いません。さらに、畑には堆肥や肥料を入れることもしません。

「野菜をこんな姿に仕立てて、しかも無施肥で栽培するなんてどうかしている」と思われても仕方ありません。なぜなら、「肥料や堆肥を施して土づくりをし、わき芽が出たら適宜カットして、きちんと整枝して育てる」というのが、野菜づくりの「常識」だからです。それからしたら、私がおすすめする栽培法は「常識の反対」です。

しかし「常識」通りにいくら土づくりの努力をしても、野菜の病気や害虫被害はなかなかなくなりません。「常識」とされる栽培法で野菜が本当によろこんでいるのかどうか、考えてみる必要があると私は思っています。

野菜がよろこぶ、イコール、野菜が元気に育っているということです。垂直仕立て栽培を実際に試してみると、「常識」の反対側に正解があることがわかります。

## 枝を垂直に立てると収量と味が向上する

垂直仕立て栽培を行うと、野菜の育ちがよくなり、収量増が見込めます。それだけでなく、野菜の味が大変よくなります。

実際にこの栽培法を取り入れている農家さんたちは、秀品率が上がり、病気や害虫被害が目に見えて少なくなったと、大変よろこばれています。家庭菜園でも垂直仕立て栽培はどんどん広まっていて、その効果を実感する方々からの声が多く寄せられています。

では、垂直仕立て栽培を行うとなぜ野菜が元気に育つのでしょうか。そのメカニズムを12ページから解説します。

## ジャガイモは茎を束ねる

市民農園で行うと、周囲からもっとも不思議がられるのがジャガイモの垂直仕立て栽培です。けれども、形がよく、味がよくて舌ざわりもなめらかなイモが採れます。☞112ページ

## ナスは枝を縛り上げる

ナスの枝を支柱に縛りつけて「バンザイ」をした姿に仕立てます。わき芽が増えすぎたときにのみ、整理をしますが、無施肥の畑ではわき芽かきはほぼ不要です。☞34ページ

## サツマイモも垂直に育てる

サツマイモのツルを束ね、支柱に縛りつけて立体栽培を行うと、糖度が高くて味がいいイモが採れます。狭い家庭菜園でもたくさんのイモが収穫できる、省スペース栽培法でもあります。

☞58ページ

# 垂直仕立てで生育がよくなるメカニズム

## ❶ 植物ホルモンと野菜の生長

### 野菜の生長過程を決める植物ホルモン

垂直仕立て栽培をするとおいしい野菜がたくさん採れます。このことは、実践すればすぐにわかります。したがって、「今すぐにでも垂直仕立て栽培を実践し、その結果、おいしい野菜が採れればそれでいい」という人は、12〜15ページは読み飛ばしていただいても構いません。

ただ、なぜそうなるか疑問を感じる人や、また、垂直仕立て栽培をほかの人にうまく伝えたいと思うならば、垂直仕立て栽培が野菜の生長に与える影響を理解しておくといいでしょう。

そのために、野菜の生長に関わる「植物ホルモン」の働きを大まかにでも知っておきましょう。

野菜は体内でさまざま植物ホルモンをつくり出します。植物ホルモンは導管や師管を通って野菜の体内を移動して、ほんの微量で野菜の生長、開花、結実などの、生理や生長過程を決める重要な働きを持っています。

植物ホルモンには生長を促進するものと抑制するものがありますが、これらがバランスよく働くと野菜は順調に生長します。

### 発根を促すオーキシン

「オーキシン」がつくられる場所は生長点、つまり新芽部分です。生成されたオーキシンは重力方向に移動し、根の先端に届くと新しい根が盛んにつくられます。

オーキシンには発根作用のほかに、結実性を高める働きがあり、また、下向きに実る果実の糖度を上げる働きもあります。細胞の伸長にも関わっています。

ちなみに、トマトやナスの着果、肥大、熟期を促進する植物生長調整剤「トマトトーン」はオーキシンを化学合成したものです。

### “若返りのホルモン”サイトカイニン

「サイトカイニン」が生成される場所は根の先端部分です。

生長点で生成されたオーキシンが根の先端に届くと新しい根がたくさんつくられ、そこでサイトカイニンも盛んに生成されます。サイトカイニンは導管を通って地上部に移動していきます。

サイトカイニンのおもな働きには、細胞分裂を促す、着花量を増やす、傷口の癒合(ゆごう)を促す、などがあります。サイトカイニンは「若返り」のホルモンとも呼ばれています。なお、傷口の癒合には、オーキシンも関わっています。上から降りてくるオーキシンと下から上がってくるサイトカイニンが傷口で出合い、傷口を速やかに癒やします(31ページ参照)。

### 病虫害を抑えるエチレン

「エチレン」が生成される場所は、細根です。エチレンは、導管を通って地上部に移動します。

エチレンには果実の熟期を促進する働きがあります。

エチレンのもっとも大きな働きは、病気や害虫を防ぐことです。エチレンは野菜の体内で酸化エチレンに変わります。酸化エチレンは強い殺菌力を持つガスです。ちなみに、工業的につくられた酸化

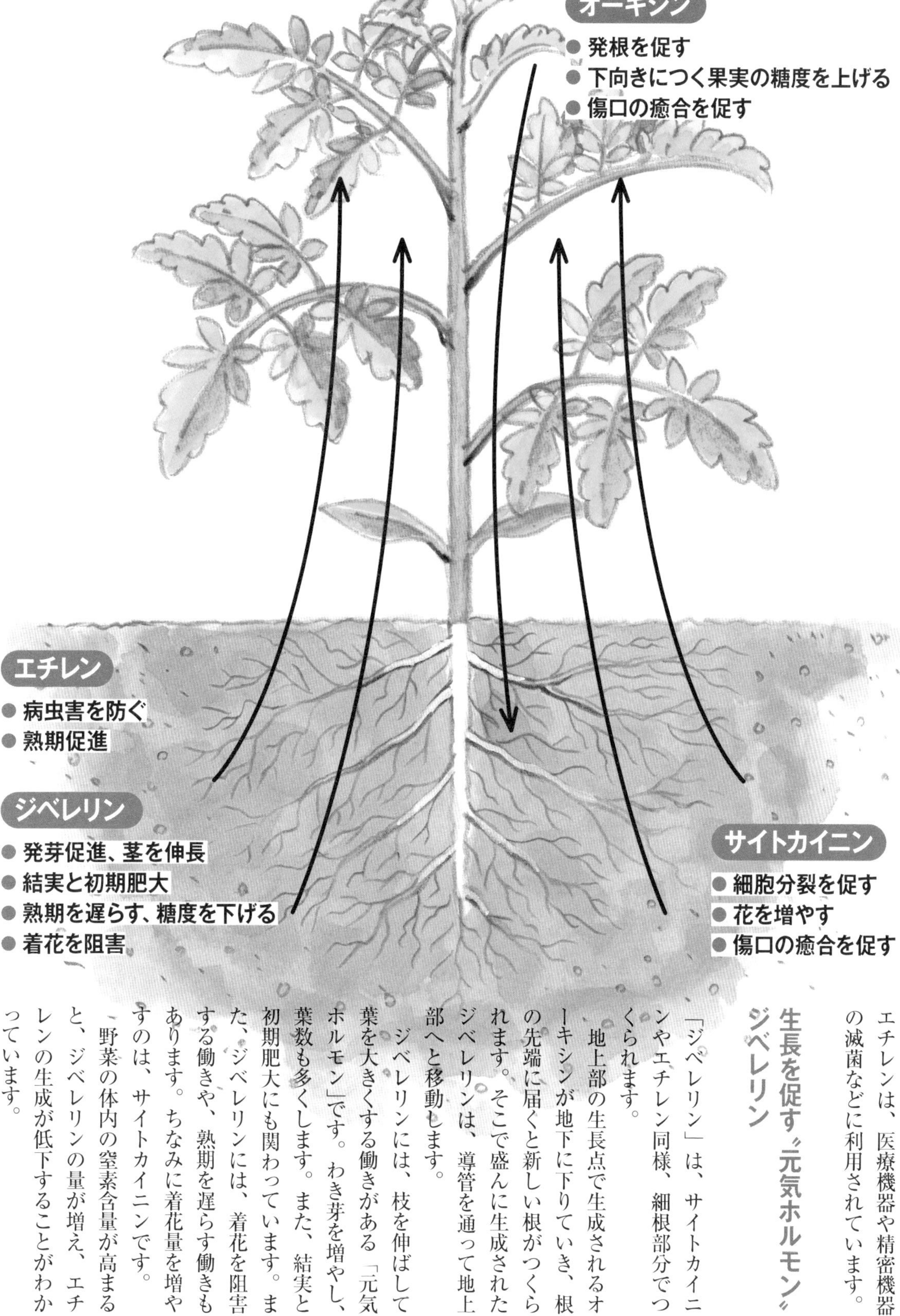


エチレンは、医療機器や精密機器の滅菌などに利用されています。

## 生長を促す〝元気ホルモン〟ジベレリン

「ジベレリン」は、サイトカイニンやエチレン同様、細根部分でつくられます。

地上部の生長点で生成されるオーキシンが地下に下りていき、根の先端に届くと新しい根がつくられます。そこで盛んに生成されたジベレリンは、導管を通って地上部へと移動します。

ジベレリンには、枝を伸ばして葉を大きくする働きがある「元気ホルモン」です。わき芽を増やし、葉数も多くします。また、結実と初期肥大にも関わっています。また、ジベレリンには、着花を阻害する働きや、熟期を遅らす働きもあります。ちなみに着花量を増やすのは、サイトカイニンです。

野菜の体内の窒素含量が高まると、ジベレリンの量が増え、エチレンの生成が低下することがわかっています。

## 2 垂直仕立てでオーキシンの浪費を抑える ≫ 根量増加

### 枝を垂直に立てると根量が増加する

ここからは、枝を垂直に立てるとどうして野菜の生長が促されるのか、垂直仕立て栽培のもっとも重要な話に入っていきます。

オーキシンは野菜の生長点で生成され、師管を通って重力方向、つまり下方に移動していくと紹介しました（12ページ参照）。

このとき、野菜の枝が横になっていると、枝の上側部分よりも下側部分でオーキシン量が多くなります。

オーキシンは細胞の伸長にも関わっていますから、枝の上側部分よりも下側部分の細胞が伸長し、その結果として枝は上向きに屈曲します。下のイラストは、枝が屈曲するイメージです。ポイントは、枝が横や斜めになっていると、オーキシンがそのために浪費されてしまうことです。

枝を垂直に仕立てれば、オーキシンの浪費を抑えることができます。よって、最大量のオーキシンが根の先端に届き、最大限の発根作用が得られることになります。

枝を垂直に誘引すると、根が著しく発達します。垂直仕立て栽培のイチゴの根が増える様子を、101ページで紹介してあります。

**茎の屈曲に関わるオーキシン**

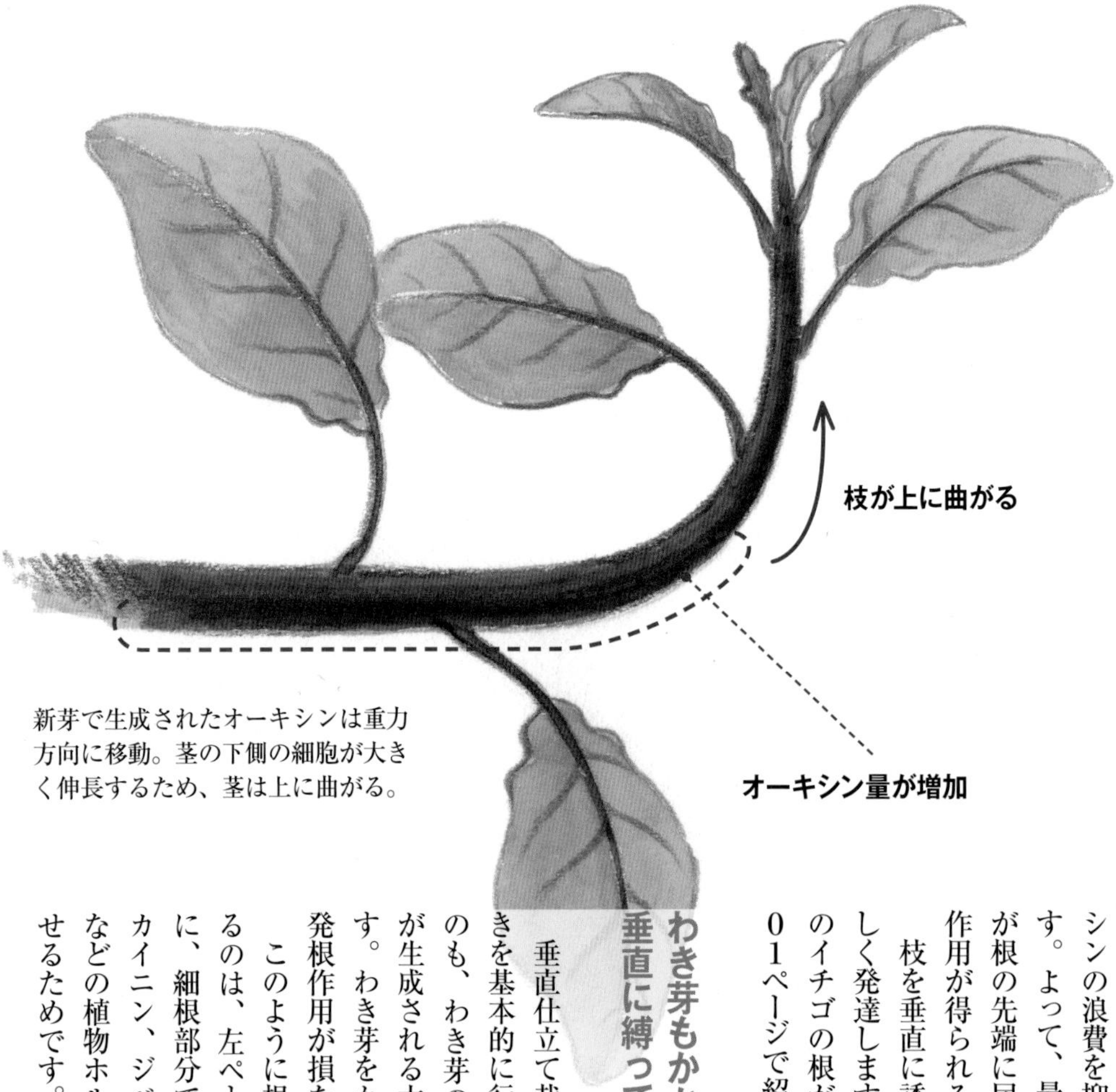

新芽で生成されたオーキシンは重力方向に移動。茎の下側の細胞が大きく伸長するため、茎は上に曲がる。

### わき芽もかかずに垂直に縛って誘引

垂直仕立て栽培では、わき芽かきを基本的に行いません。というのも、わき芽の先端はオーキシンが生成される大事な場所だからです。わき芽をかくと、その分だけ発根作用が損なわれます。

このように根量の増加にこだわるのは、左ページで紹介するように、細根部分でつくられるサイトカイニン、ジベレリン、エチレンなどの植物ホルモンの量を増加させるためです。

## ❸ 根量増加≫

# サイトカイニン、ジベレリン、エチレンが活性化

### あらゆる植物ホルモンがバランスよく活性化する

根量の増加に伴って、サイトカイニン、ジベレリン、エチレンなどの生成量が増加します。

増加したジベレリンが枝葉の生長を促し、野菜は大きく生長します。生育の終盤にさしかかっても青々と茂るようになります。

ジベレリンには着花を阻害する働きもありますが、サイトカイニンが活性化するため着花量が減ることはありません。また、エチレン効果で病気や害虫に対する抵抗力も強まります。

垂直仕立て栽培では、野菜が体内でつくり出す植物ホルモンの量と働きを最大限に引き出すのが特徴で、あらゆる植物ホルモンがバランスよく活性化した状態となるため、野菜は驚くほど生育がよくなり、収穫量がアップします。

なお、肥料を与えて窒素が効くと、植物ホルモンのバランスが崩れます。ジベレリン量が増えてツルボケし、着花量が減ります。また、エチレンの生成量が減って病虫害に悩まされるようになります。20ページで紹介する通り、垂直仕立て栽培では、堆肥や肥料を使わずに畝を用意します。

**すべての枝を縛って育てる**

わき芽かきを行わず、すべての枝を垂直に誘引するとオーキシン効果で根量が増えます。その結果、あらゆる植物ホルモンが活性化して、驚くほどたくさんの実がつくようになります。

# 縛る・挟む・吊るす 仕立て方のいろいろ

基本の垂直仕立ては、支柱を1本立てて、枝を支柱に沿わせて縛りつける方法です。縛る際には麻ヒモを利用しますが、野菜の枝や茎を傷めない素材なら何でも構いません。誘引に利用するグッズを18～19ページで紹介します。


また、株数を多く植える野菜の場合、1株ずつ支柱を立てて誘引するのは手間がかかります。

その場合は2本のヒモを張って野菜を挟んで枝や茎を立たせる方法が有効です。

また、ハウス内で育てている野菜なら、ヒモで吊って垂直に仕立てる方法もおすすめです。露地栽培には向きません。風で野菜が揺れるので難しいです。

第2章では、野菜ごとに垂直誘引の方法を紹介します。参考にしてください。

**野菜によって誘引法を工夫する**

垂直仕立て栽培はあらゆる野菜に応用できる栽培法です。

野菜の種類によって、枝や茎の立て方を工夫しましょう。

## 縛る

### 枝を隙間なく支柱に沿わせて縛る

ナスはすべての枝を支柱に縛りつけて垂直に仕立てます。支柱と枝に隙間ができて枝が斜めになると効果が半減します。☞37ページ

## 挟む ≫ 2本のヒモを渡して葉や茎を立てる

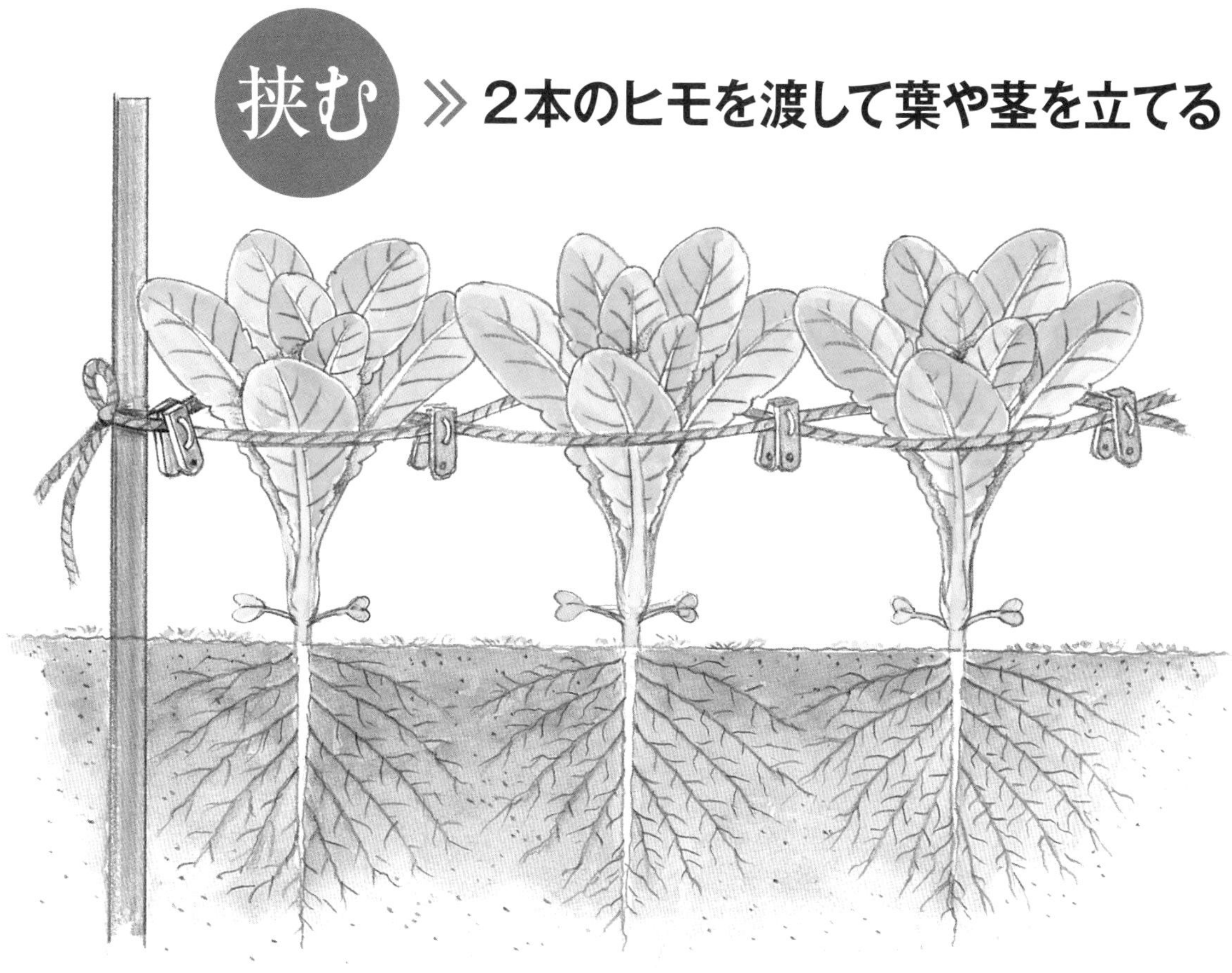

ハクサイは2本のヒモで葉を挟み、立たせ気味にして育てるのがおすすめです。草丈が高くなったらヒモを上方に結び直して葉が倒れないようにします。☞70ページ

## 吊るす ≫ 枝をヒモで吊り下げる

ハウス栽培では、天井から下ろしたヒモを枝や茎に巻きつけて垂直に吊るして仕立てる方法もあります。

ニンニクの垂直仕立てもハクサイ同様に2本のヒモを使うといいですが、配管保温用カバーを利用するのもおすすめです。☞107ページ

# 必要な農具と資材

## 特別なものはいらない

### 誘引用の麻ヒモと長めの支柱を用意

垂直仕立て栽培を始めるにあたって、特別な農具や資材を用意する必要はありません。鍬、ショベル、除草鎌、マルチフィルム、不織布、ハサミなど、みなさんが普段の野菜づくりで利用しているもので賄えます。

野菜を垂直に仕立てると草丈がどんどん高くなります。支柱は長さ2m程度で、荷重に耐えられるよう、太さ20㎜程度のしっかりしたものを用意してください。太い竹を利用するのもいいでしょう。

支柱の立て方のコツは、22ページで紹介します。

支柱に野菜の枝を縛るには、麻ヒモが便利で、枝を傷つけにくいのでおすすめです。麻ヒモのほかに、粘着誘引紙テープも使いやすいです。ホームセンターで見つけたら利用してみるといいでしょう。

### 引グッズ

**麻ヒモ**

麻ヒモは垂直仕立て栽培の定番グッズです。枝や茎への当たりがやさしいのでおすすめです。自然素材なので栽培が終わって撤収する際、畑に落ちても土に還るので安心です。ビニールテープも使えますが、ごみになり始末が厄介です。

**粘着誘引紙テープ**

キュウリやトマトの誘引に使う、園芸用の粘着誘引紙テープも使いやすくて便利です。粘着面同士だけがくっつき、支柱や枝にはべたつきません。手でちぎれるので、支柱に枝を固定する作業がとてもラクです。ホームセンターなどで、120～200円くらいで購入できます。

## 耕して畝をつくる

野菜を植えつける前、土を耕して畝をつくるために鍬が必要です。3本鍬でも平鍬でも、普段使っている鍬で構いません。なお、土がかたい場合はショベルがあると、ラクに土を起こせます。

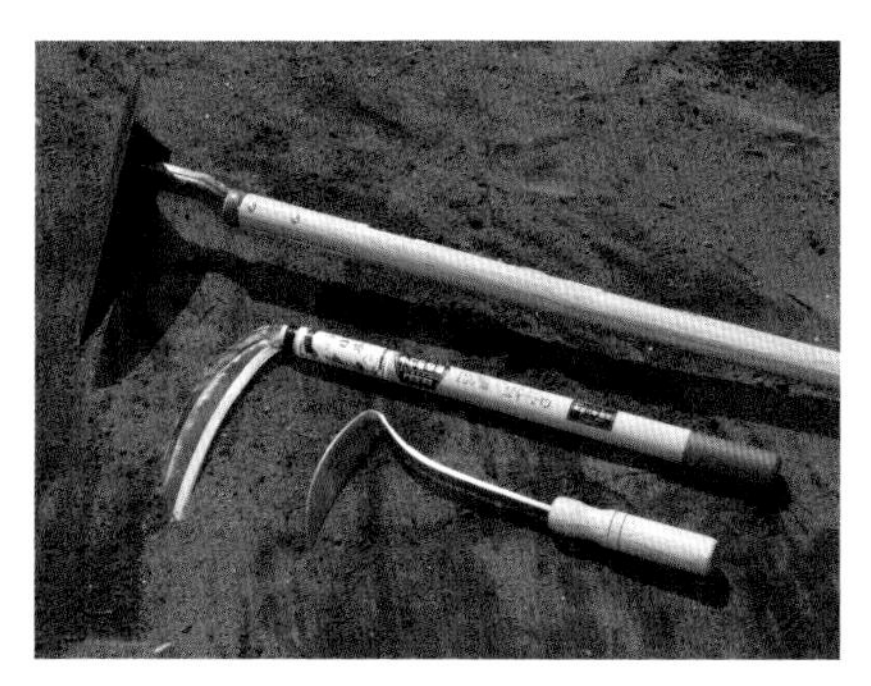

## 雑草を処理する

栽培中に生えてくる雑草を刈るため、鎌を用意しておきましょう。手持ちの除草鎌のほか、長柄の三角ホーがあると立ち姿で除草でき、作業がラクです。

1

2

## 生育を促す

1 黒色のマルチフィルムを利用すると、保温効果と保湿効果で野菜の初期生育が促され、雑草抑えにもなります。マルチフィルムの張り方は23ページで紹介します。 2 タネの発芽促進に不織布を利用すると有効です。

☞ 28ページ

## 支柱

普段の野菜づくりで使っている支柱を使います。長さは2m程度、太さ20㎜程度の支柱を選ぶと強度があって安心です。支柱の立て方は22ページで紹介します。

## 配管保温用カバー

発泡ウレタン製のパイプカバーを長さ5㎝くらいに切ります。ニンニクやダイコンなどの葉を立たせるのに便利です。束ねた葉柄にパイプカバーをはめて使います。 ☞ 87ページ

# 土づくり 肥料は不要、水はけのいい畝をつくる

## 堆肥や肥料を施さず土を耕すだけでいい

垂直仕立て栽培では、堆肥や肥料を施すことはしません。

はじめて畑にする土地では、ショベルで土を起こし、鍬で深さ30cm程度までを耕しておきます。粘土質の畑では畝を高めにして、水はけをよくしておきます。

野菜づくりを続けている畑では、作付けのたびに畝全体を耕すことをしなくても大丈夫。草や野菜の根によってつくられた水はけのいい土壌構造を活かして野菜を育てます。畝の形を整え、タネまきや苗の定植位置の周囲を鍬で軽くほぐしてから植えつけます。

肥料を与えると、植物ホルモンのバランスが崩れるのが問題です。窒素が効くとジベレリン量が増え、エチレン量は減少します。ツルボケ、落花、病虫害の増加、味が悪くなるなど、いいことはひとつもありません。野菜は肥料で育てるものだという「常識」は、もう横に置いてください。

畝立て前、草が生えていたら三角ホーや平鍬を使って除草します。

1

2

1 水はけの良し悪しは、根の発達に大きな影響を与えます。水はけが悪い畑では畝を高くして、降った雨が抜けやすくしておきます。畝の周囲の土を掘って畝に載せ、畝を1段高くしておきます。2 鍬や板切れを使って畝の表面をならして形を整え、野菜の植えつけに備えます。

# 畑の石ころは取りのぞかず、むしろ積極投入する

## 土中の石は細根を増やし植物ホルモンが活性化する

私の経験上、石ころがゴロゴロしている畑の方が、トマトでもナスでもダイコンでも、どの野菜も育ちがよくなります。

じつは、私が農業指導員をしていたとき、ミカンが全国的に不作になった年がありました。しかし、その年でもミカンがしっかり収穫できた産地があり、調査に行ったところ、そこはビックリするくらいに石ころだらけのミカン畑でした。この経験は、土中の石と植物の生長の関係に気づくきっかけとなりました。

植物の根は土中で石に当たるとエチレンが増えて細根を増やします。おかげでサイトカイニン、ジベレリンの生成量が増え、生育がよくなると考えられます。

みなさんは、畑の土を耕しているときに石ころがあると拾って畑の外に出してはいませんか。

畑の石はそのまま残しておくのが、土づくりの正解です。土中の石は、植物ホルモンの活性化に大きな影響を及ぼしますから、お宝だと思ってください。

耕うん機や鍬で毎回土を耕す「通常栽培」では土中の石は邪魔者となります。石が飛んで危険だし、刃が欠けることもあります。けれども、前ページで紹介したように、一度つくった畝を使い続ける場合は、石を邪魔者扱いする必要はありません。むしろ積極的に投入したいものです。

88ページのダイコンの土づくりの項でも、石の効用を紹介しています。あわせて読んで、参考にしてください。

土づくりは堆肥をまいて行うものではありません。石をまくのが本当の土づくりだと私は思っています。石ころの多い畑では、垂直仕立て栽培の効果がいっそうよく表れます。

**畑に石をまく**

借りている市民農園などでは難しいですが、自分の畑なら畑に砂利をまいて土づくりをするのもおすすめです。このひと手間で野菜の根が発達する畑に変わります。

2

1

**ジャガイモがすくすく育つ石だらけの畑**

1 石ころだらけの畑でジャガイモがよく育っています。石の量は作土の4割が理想で、1㎡あたり4kgが目安です。2 畑にさらに石を投入するため、石を用意してある様子です。

# 支柱を立てる

## まっすぐに立てること

### グラつかないよう しっかりと地面に挿す

垂直仕立て栽培を成功させるために、支柱をまっすぐに立ててください。

誘引した野菜が実をたくさんつけると、支柱にかなりの負荷がかかります。強風で支柱もろとも倒れてしまわないよう、深さ30cmくらいまで地中に挿し込んでおきましょう。

また、支柱を横方向に渡し、さらに斜めにかすがいを入れて補強すると、グラつかない頑丈な支柱を組むことができ、安心です。

支柱を組む際には、連結部を麻ヒモで結んで固定するほか、クロスバンド（円内写真のハウス用の固定具）などを利用するのもおすすめです。ガッチリと結束しておきましょう。

また、キュウリ栽培などでよく用いられる合掌型の支柱組みは、垂直仕立て栽培では利用しません。

合掌型はもっとも強度がある優れた組み方ですが、斜め方向への誘引となり、それでは垂直仕立てにはなりません。オーキシン効果が最大とならず、ジベレリンの活性が相対的に上回って、わき芽の数が増えて困ることになります。

1 野菜１株ごとに支柱を１本ずつ、まっすぐに立てます。手袋を着用すると力が伝わり、ラクに支柱を挿せます。2 風の強い畑や、スイカなど重量のある実がなる野菜を育てる場合には、補強が必要です。横方向と斜め方向に支柱を追加すると強度を増すことができます。

# マルチフィルムを張る

## 生育を促進する

### 雑草を抑える黒マルチがおすすめ

畝には黒色のマルチフィルムを張るのがおすすめです。地温が上がり、湿気も保持され、野菜の初期生育が促されます。左の写真のように、畝の表面をぴったりと覆ってください。黒色なら光を通さず、雑草を抑えることができ、畑しごとの手間がひとつ省けます。

マルチフィルムを張る際には、畝の水分量が適切であることが大事です。土の表面から数センチの深さの土がほどよく湿って、握ると団子になる程度ならマルチフィルムを張ります。土が乾きすぎているときに張ると、畝の土はずっと乾いたままで野菜の生長を害します。水をたっぷりとまいて2~3日落ち着かせてから張りましょう。

雨のあとで土が湿りすぎている場合も、やはり2~3日待ってからマルチフィルムを張ります。

マルチフィルムを使わない場合は、刈った雑草を畝の表面に薄く敷いておくといいでしょう。雑草抑制効果はありませんが、土が温まり、土の乾燥も抑えられるので生育促進効果が得られます。

1 マルチフィルムの裾をマルチ押さえで仮止めし、ロールを広げて畝全体を覆います。マルチ押さえがなければ、裾に土を盛って固定します。2 マルチフィルムの裾に土をかけて全体を固定します。足でマルチフィルムの裾を引っ張りながら作業すると、ピンと張ることができます。

重要

# よくある失敗の原因をチェック

## 1 縛り方が緩い➡効果が半減

### 枝はギュッと縛り支柱との隙間をなくす

垂直仕立て栽培では、まっすぐに立てた支柱に枝を沿わせて垂直方向に誘引することが最大のポイントです。

野菜の垂直仕立て栽培のセミナーに参加するみなさんの縛り方を見ていると、緩めに縛って枝と支柱に間に隙間ができていることが多いです。きっと、きつく縛ったら野菜がかわいそうだと思うのでしょう。でも、それではオーキシンの降下速度が下がり、植物ホルモンの活性が弱まります。

新しい栽培法にチャレンジするのですから、中途半端はいけません。その効果がどれだけのものなのかを知るために、しっかりと縛って枝を垂直に立てましょう。

ナスの枝を縛っていますが、このように支柱と枝の間に隙間があると、オーキシン効果が半減するだけでなく、実が隙間に挟まって育つことがあります。支柱と枝がぴったり寄り添うように、ヒモできつく縛ってください。

## 2 肥料を施す➡ツルボケする

### 垂直仕立て栽培は無施肥の畑で行う

垂直仕立て栽培では、堆肥や肥料を与えずに野菜づくりをしてください。肥料を与える栽培法では、元気ホルモンのジベレリンの活性が高まって、枝葉ばかりが茂って実がつかないツルボケ状態になり、失敗します。

畑に肥料分が残っている場合も、わき芽が増えて栽培が難しくなりますが、2年、3年と続けていくうちに、畑の土壌環境が好適になり、無肥料でもおいしい野菜がたくさん採れるようになります。

## 3 支柱が斜め➡わき芽が増える

### 合掌型の支柱組みは利用しない

キュウリやトマトを2列植える際に、合掌型の支柱組みがよく利用されますが、支柱自体が斜めになっているので、これでは垂直仕立て栽培にはなりません。

自然栽培の指導を依頼され、農家さんの畑に行くとよく見かけるのがこの失敗です。そのたびに、支柱をまっすぐに立て直します。

2列に野菜を植える場合は、合掌型ではなく、株ごとに支柱を直立させてください。これで植物ホルモンが最大限に活性化します。

# 第2章

## 野菜別 垂直仕立て栽培

01

# トマト

ナス科

## ツルボケしない、実割れが少ない、病虫害も減る

トマトの枝をすべて支柱に縛りつけて垂直に誘引します。植物ホルモンがバランスよく活性化し、おいしい実がたくさん採れるようになります。ミニ、中玉、大玉も育て方は共通です。

■トマトの栽培スケジュール（中間地）

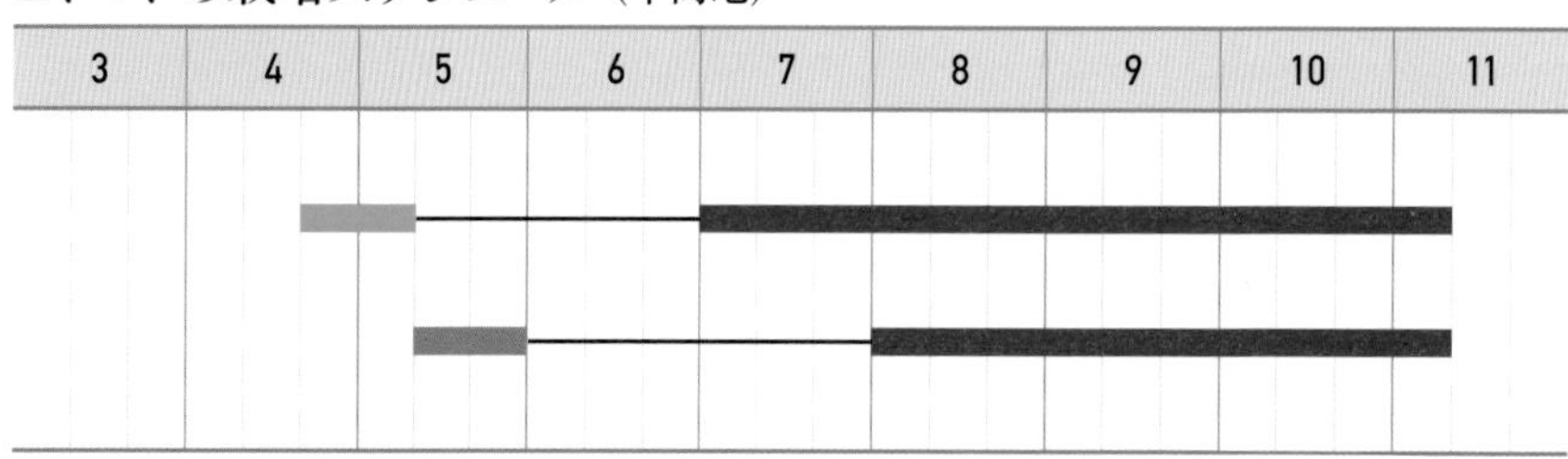


苗を植える　タネを直まきする　収穫

# 通常栽培との違い

## 肥料栽培では、ツルボケ、実割れ、病虫害が出る

通常の栽培法では、畝に堆肥や肥料を元肥として施し、トマトの苗を植えてスタートします。わき芽をすべて摘み採って、主枝1本だけを支柱に誘引して育てます。また、主枝につく花芽直下のわき芽1本を摘まずに伸ばして、主枝とあわせて2本の枝を左右に振り分け、2本の支柱を利用してV字もしくはU字に仕立てる2本仕立て栽培法もよく行われます。

いずれにしろ、肥料を与える通常の栽培法では、ジベレリンの活性が高まり、わき芽がどんどん増え、放っておくと樹が暴れて実のつきが悪くなる傾向があります。

植物ホルモンのバランスが悪くなり（サイトカイニンがジベレリンよりも劣勢となる）、実の皮が硬化して降雨後に実割れ果が生じやすくなります。

また、肥料栽培ではエチレン量が下がり、おのずと病虫害につけ込まれやすくなります。

## 無肥料の垂直仕立てならおいしいトマトが鈴なり

垂直仕立て栽培では、肥料を施さずにトマトの苗を植え、わき芽をかかずにすべての枝を垂直に縛り上げて育てていきます。

枝数が多いため、新芽部分で生成されるオーキシン量もそれだけ多くなり、地下では根が著しく発達します。

増えた根の先端ではあらゆる植物ホルモンの生成量が増加してバランスよく活性化します。

ジベレリンがトマトの枝葉の生長を促進し、サイトカイニンが着花量を増やし、また、露地栽培でも実割れ果を出にくくします。熟期を促進するエチレンの活性が高いため、熟期を遅らせるジベレリンの働きが抑えられます。またエチレン効果で病虫害にも悩まされなくなります。

さらに、オーキシンなどさまざまな植物ホルモンの働きでトマトの糖度も上がり、結果、おいしい実が鈴なりになります。

では、トマトの垂直仕立て栽培の具体的な進め方を、28ページから紹介していきます。

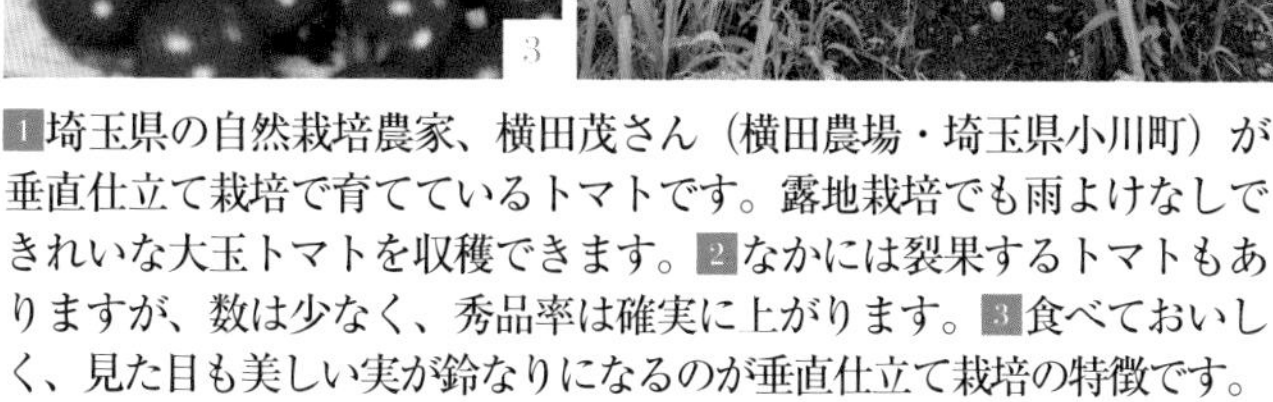
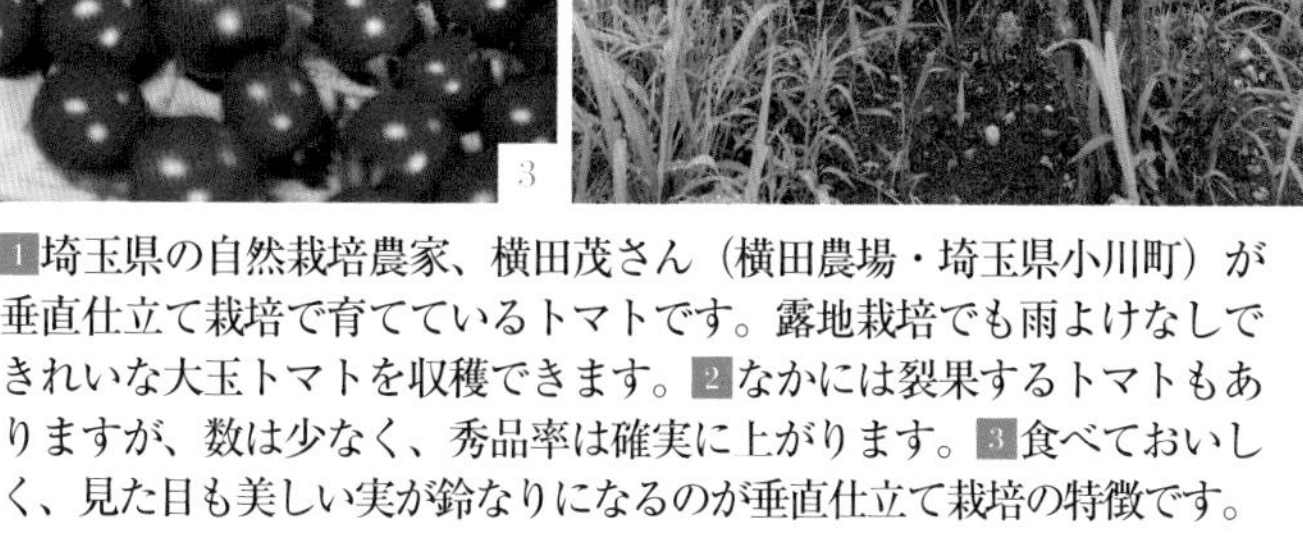

1 埼玉県の自然栽培農家、横田茂さん（横田農場・埼玉県小川町）が垂直仕立て栽培で育てているトマトです。露地栽培でも雨よけなしできれいな大玉トマトを収穫できます。2 なかには裂果するトマトもありますが、数は少なく、秀品率は確実に上がります。3 食べておいしく、見た目も美しい実が鈴なりになるのが垂直仕立て栽培の特徴です。

## ①土づくり

### 堆肥や肥料を使わず畝を用意する

垂直仕立て栽培では、堆肥や肥料を使いません。

水はけが悪い畑なら、土を寄せて高めの畝をつくり、水はけがいい砂質や壌土の畑では平畝にします。マルチフィルムは張っても張らなくてもどちらでも。張らないなら、刈り草やワラを敷いて土の乾燥を防ぎます。

## ②タネまき

### 苗を植えてもいいが直まき栽培がおすすめ

苗の定植は5月の連休前後に行います。トマトを早く食べたい人は苗を植えるといいでしょう。

ただ、理想は、自家採種したタネを直まきすることです。自家採種のタネは病気に強く、直まきすると樹勢が強くなります。5月の連休以降に、1か所にタネを3粒まいて、本葉が出たら間引いて1本にします。

### 5月に苗を植えてもいい

苗の定植も5月の連休前後に行います。購入苗は肥料を使って育てられているので、栽培中にわき芽が増えて繁茂しやすくなります。増えすぎた枝は切ってコントロールします（31ページ参照）。

### タネを3粒まいて間引いて1本にする

タネを1か所3粒の点まきにします。1週間～10日で発芽がそろい、その後、本葉が出たら間引いて元気な苗を1本残します。軸が太くて双葉が大きいものがよい苗です。なお、自家採種をして連作をするのが理想です。肥料を与えないので連作障害は出ません。

### 発芽するまで不織布か新聞紙で覆っておく

タネをまいたらしっかりと鎮圧して、不織布か新聞紙をかぶせて発芽を待ちます。鎮圧が十分なら水やりは基本的に不要です。発芽を確認したら不織布や新聞紙をはずし、あんどんで囲みます。

あんどんは、苗の周囲に支柱を立て、底を切ったビニール袋をかぶせてつくります。防寒、防風効果で苗の初期生育を促進します。

### 黒マルチか刈り草を敷く

約60㎝幅の畝を用意します。黒マルチを張ると除草の手間が省け、地温が上がり初期生育がよくなります。マルチなしなら刈り草やワラを、土が見え隠れする程度に敷いておきます。保湿、保温効果が得られ、根の発達を促します。

### 株間は40～50㎝

垂直仕立て栽培では、通常の栽培よりも株間を狭くして植えることが可能です。株間40～50㎝を目安に、自分の畝の長さと植えたい株数で株間を決めてください。

## ❸支柱を立てる

### 芽のすぐそばに支柱を立てて誘引

苗を植えたら2m以上の長めの支柱を苗の西側に立てます（37ページ参照）。「垂直に育てる」ことが重要なので、根が切れるのを気にせずに、茎のすぐ脇に支柱を挿してください。

支柱を立てたら、茎を麻ヒモで8の字に縛って支柱に固定し、苗が風で揺れて弱るのを防ぎます。

また、広めの畝に2列にトマトを植える場合、支柱は合掌型に組むのではなく1本ずつ垂直に立てます。合掌型では垂直仕立てになりません。

タネを直まきした場合は、間引き後に苗の脇に支柱を立てます。草丈10㎝くらいに育ったら、麻ヒモで8の字に縛って支柱に固定します。

なお、太めの麻ヒモはそのまま使わず、撚り（よ）をほどいて細いヒモにするのがおすすめです。縛りやすく、数も増えて経済的です。撚りをほどくと6本になります。

麻ヒモで
8の字に結ぶ

根が切れてもいいので
苗の脇に支柱を挿す

長さ2m以上
の支柱を立てる

## ❹垂直に誘引する

### 枝を支柱にぴったり沿わせ強めに縛りつける

トマトの草丈が25㎝くらいに育つと、葉の付け根からわき芽が出てきます。いよいよここから枝を縛って、トマトを垂直に仕立てていきます。

一般的な栽培ではわき芽をかいて主枝1本に仕立てますが、垂直仕立て栽培ではわき芽をかかず枝にし、すべての枝の先端が上を向くようにヒモで縛りつけます。

枝の先端で生成される「オーキシン」がまっすぐ下りて根の先端に移動して、新しい根が盛んに発達します。縛らずに枝の先端が横に広がると生長スピードが鈍ります。

縛り方は、8の字縛りではありません。全体にヒモを回して支柱に縛ります。ポイントは、枝と支柱に隙間ができないよう、ギュッと縛ること。支柱と枝が背中合わせで育つイメージです。草丈が20～30㎝伸びるたびに縛っていきましょう。

**隙間ができないように縛るのがポイント**

麻ヒモをグルリと回して片蝶結びで縛ります。ポイントは隙間ができないようにきつく縛ること。畑に出たら何はさておき、トマトを縛る作業から始めましょう。

ポイント①

# 6本の枝を支柱にしっかり縛りつける

## わき芽を伸ばして6本仕立てにする

わき芽をかかずに伸ばし、すべての枝を縛りながら育てると、肥料を入れない畝では、トマトの枝の数は6本か8本に落ち着くものです。

ただ、畑に残っている肥料が効くと生長促進ホルモン、ジベレリンが活性化し、わき芽が増えて枝葉がどんどん茂ります。枝が暴れるだけでなく、着花が阻害され、トマトの糖度が下がります。

なお、肥料が効くとエチレンの生成量が低下するのも問題です。エチレンが減ると病気や害虫に弱くなり、トマトの熟期が遅れるからです。

ありがちな失敗は、枝の縛り方が緩くて、枝と支柱に隙間があるケース。枝が斜めになると必ずわき芽が増えます。生長ホルモンのバランスが崩れ、実のつきがガクンと悪くなり、病虫害も出やすくなります。

トマトをまっすぐ垂直に仕立てることで、オーキシンの働きを最大限に活かして発根を盛んにし、生長に関わるあらゆる植物ホルモンをバランスよく活性化させることが重要です。

さて、わき芽や枝が増えすぎた場合は、適宜整理をします。わき芽かきや枝切りをして、6本（または8本）仕立てをキープして育てていきましょう。枝の切り方は次ページで紹介します。

### ◎ しっかり縛ると…

実つきがよくなる
6本の枝を支柱に縛りつける
葉が光を受けやすい
実が外側につき収穫がラク
きつく縛っておく
支柱は垂直に立てる

### ✕ 縛り方が緩いと…

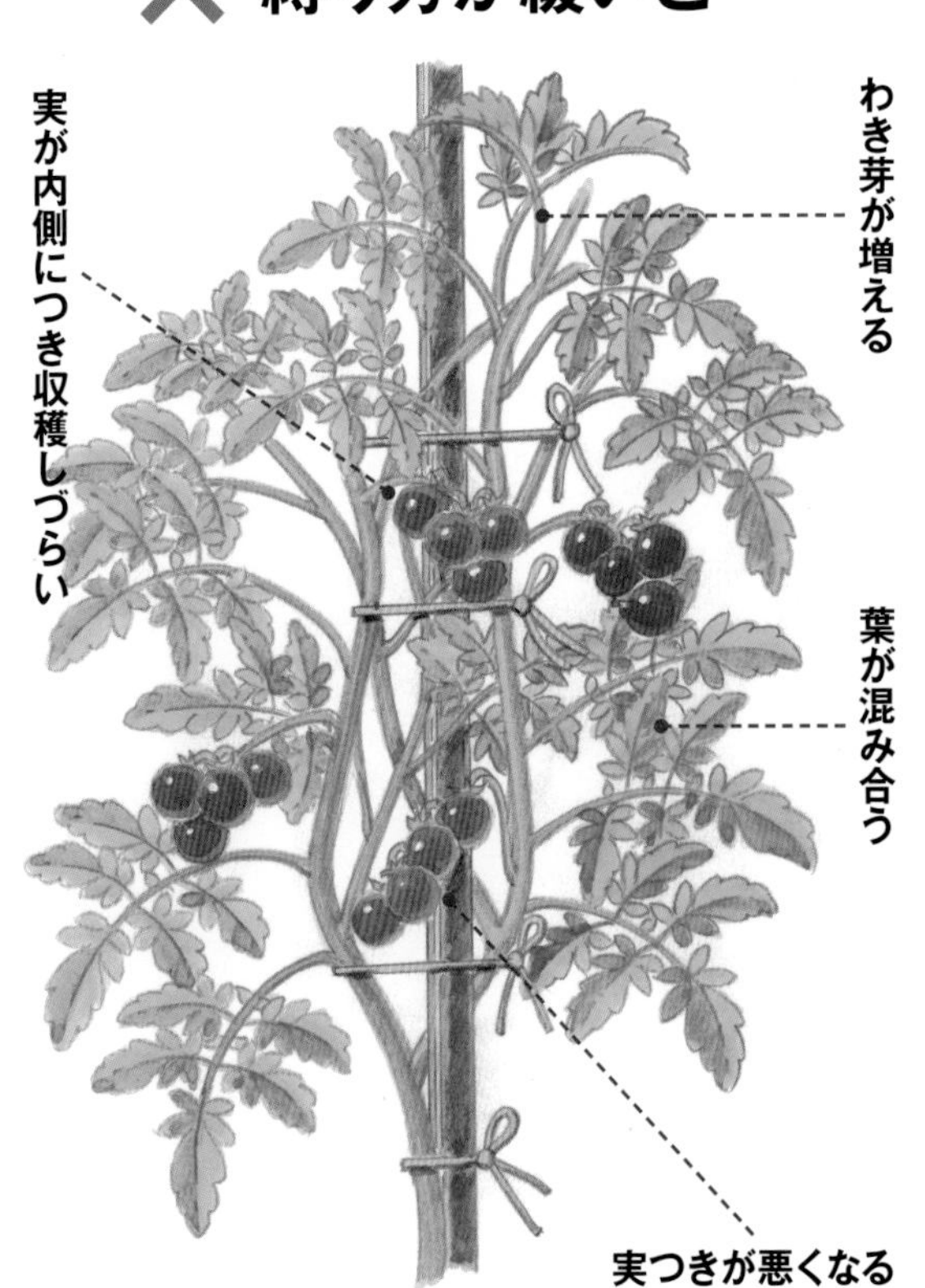

ポイント②

# 枝が増えすぎる場合は切って整理する

## ◎根元で切ると…

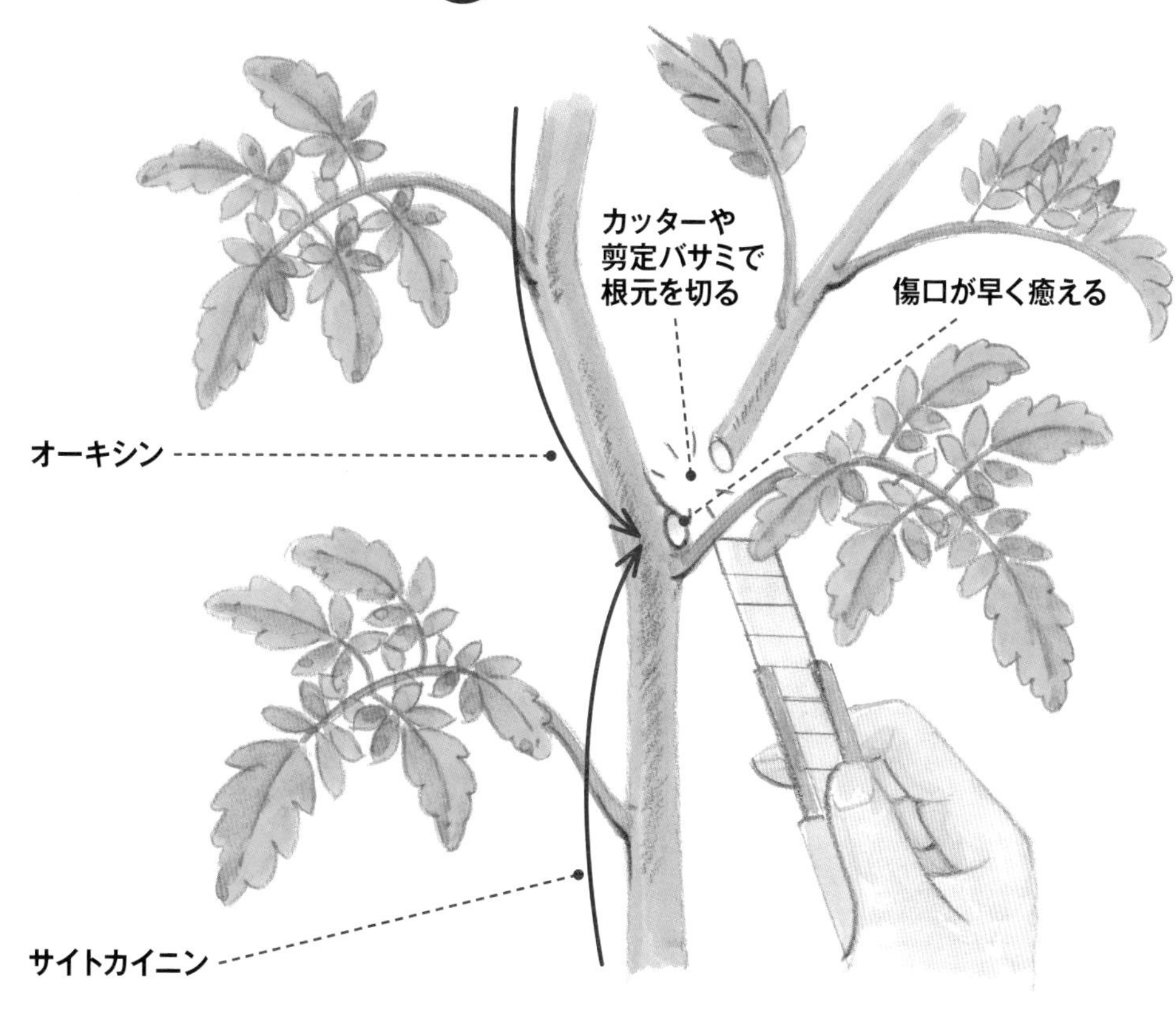


## ×根元を残して切ると…

傷が
癒えない
オーキシン
ジベレリン
サイトカイニン

### 根元を残して切ると ジベレリンが活性化

6本仕立てをキープするために、適宜わき芽をかきます。小さなわき芽は、清潔な手でつまんで下方向にポキッと折り取ります。

大きく育ったわき芽は、清潔なハサミかカッターで切ります。わき芽の根元で斜めにスパッと切るのがポイントで、オーキシンとサイトカイニンが傷口で出合い、速やかに癒合（ゆごう）します。

根元を残して切ると癒合が遅れ、腐りの原因になるだけでなく、芽を失った分を挽回しようとジベレリンが活性化し、さらにわき芽が増え、着花も悪くなります。

ポイント③

# 支柱の高さに届いたら枝を更新する

## 6本の主枝を切って中段のわき芽に世代交代

垂直仕立て栽培では、晩秋に霜が降りるまでトマト栽培を続けることが可能です。

ただ、伸長スピードが速いので、高い支柱を用意しても、思いのほか早い時期に先端が支柱を超えます。先端の枝が支柱をはずれて横に広がると、植物ホルモンのバランスが崩れて実つきが悪くなります。この状態になったら、枝を更新して草丈を低くする作業をします。枝の世代交代です。仕上がりのイメージは、草丈が3分の2くらいに下がった姿です。

まず、栽培途中の7月頃から6本の枝それぞれに、交代用のわき芽を中段に1本ずつ育て始めます。そのため、一時的に12本仕立てになります。

8~9月に先端が支柱を超えたら、主枝を切り離します。切る際には、傷口が速やかに癒えるように、必ず31ページで紹介した切り方をします。大手術なので、日を置いて2~3本ずつ更新します。こうして、新しい枝で晩秋まで収穫を続けます。

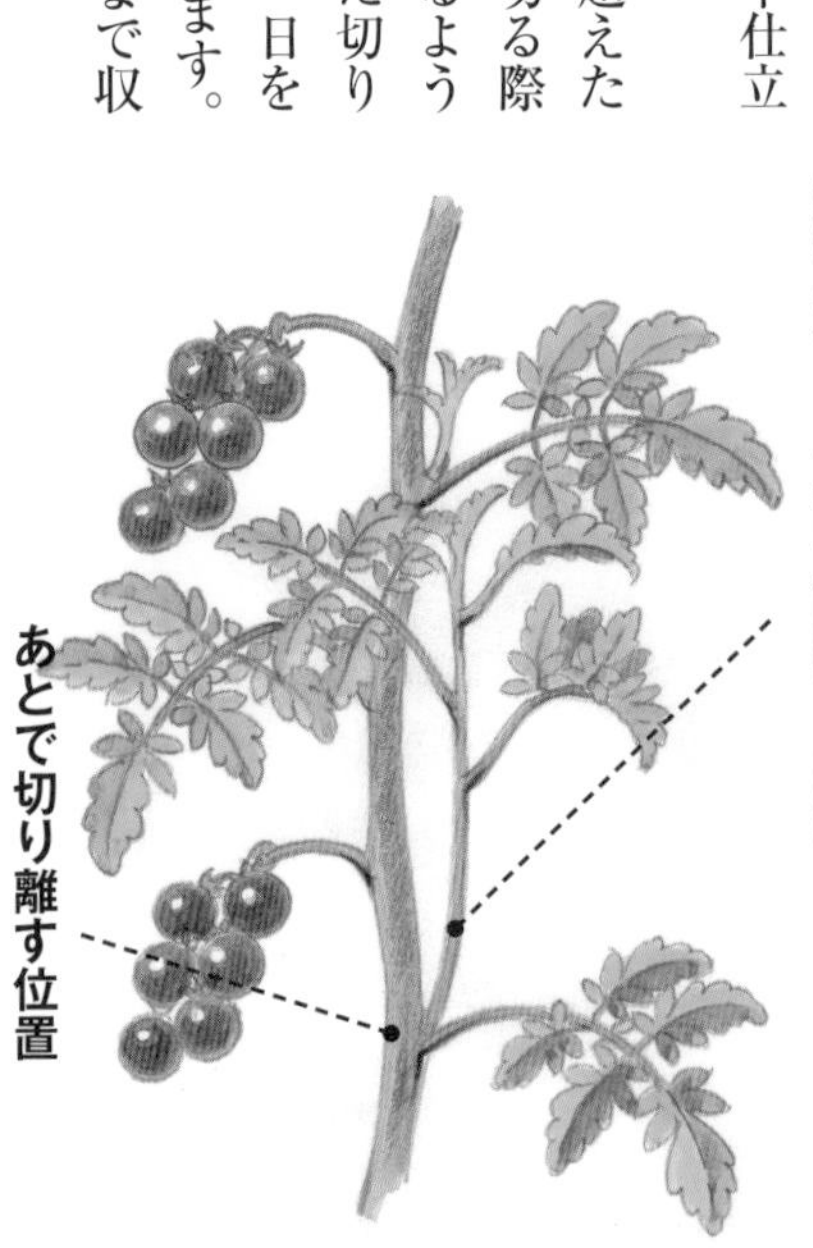

## ⑤収穫

### 垂直仕立てなら裂果が少なく味もいい

真っ赤に熟したトマトから順番に収穫していきます。

垂直仕立て栽培では、オーキシン（発根・着果促進）サイトカイニン（着花量を増やす）、ジベレリン（結実と初期肥大を促進）、エチレン（熟期を促進）などの植物ホルモンがバランスよく活性化します。そのため通常の肥料栽培のトマトよりも糖度が高くなり、収量が増加します。

また、露地栽培でも実割れ果が出にくいのも特徴です。これは、あらゆる植物ホルモンが活性化しているため、降雨でトマトが養水分を吸ってもジベレリンの異常活性が抑えられるからです。

古い主枝

切り口を斜めにすること

横田茂さん（横田農場・埼玉県小川町）が育てたトマトです。果皮がツルツルになるのも垂直仕立て栽培の特徴。糖度が高くて、旨みや酸味のバランスがいいトマトがたくさん採れます。

# 02 ナス

ナス科

## 無肥料でも多収で、しかも長期間収穫が続く

すべての枝を1本の支柱にきつく縛りつけます。「ナスがかわいそう」だと思って緩く縛ると、効果は薄れます。「ナスは縛られてよろこんでいる」と思ってください。

■ナスの栽培スケジュール（中間地）

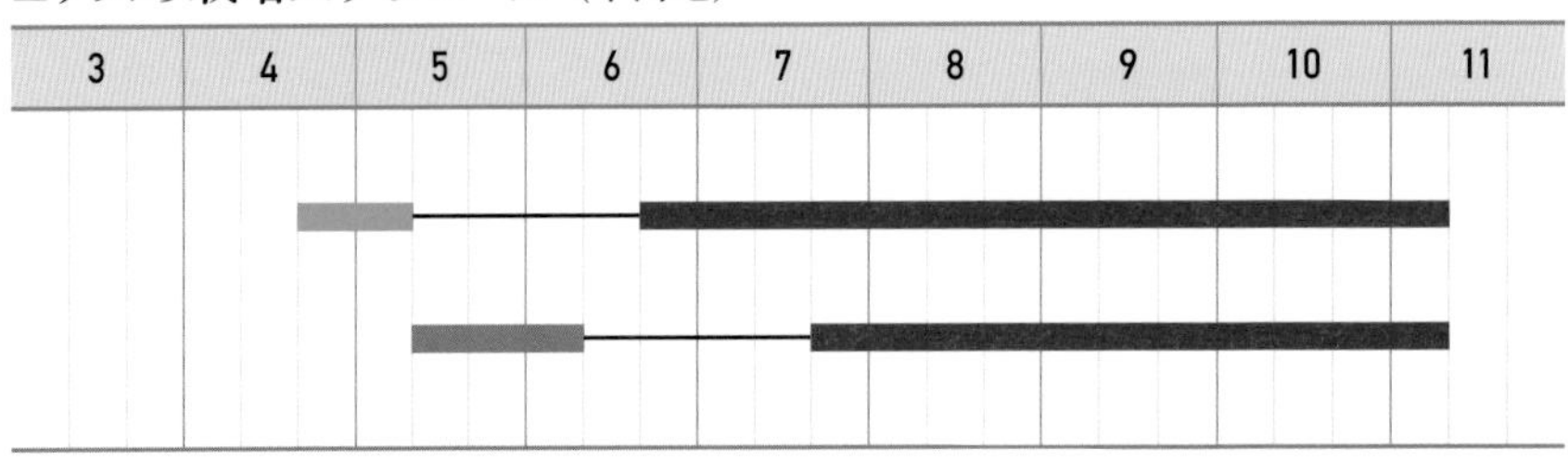


苗を植える　タネを直まきする　収穫

# 通常栽培との違い

## 垂直仕立て栽培では無肥料でナスを育てる

通常の栽培では、ナスは3本仕立て栽培がよく行われます。

主枝1本と1番果の直下に発生する強いわき芽、その付近のもう1本のわき芽の計3本の枝を伸ばす仕立て方で、それよりも下に発生するわき芽をすべて摘みます。支柱をV字に立て、斜めに誘引して育てます。

また、「ナスは肥料食い」だとして、たっぷりの元肥を施します。ところが、垂直仕立て栽培ではまったく違う育て方をします。

おさらいになりますが、垂直仕立て栽培では、枝を横に広げることはしません。とにかく枝をギュッと支柱に縛りつけて垂直方向に誘引します。これで植物ホルモンを最大限に、しかもバランスよく活性化できるので、無肥料で驚くほどの収穫量を上げることができます。しかも採れたナスはえぐみがなく、ナスが本来持っている味になります。

さて、ほとんどの人が「肥料がないと野菜は育たない」と考えていると思いますが、そんなことはありません。

植物は、太陽光のエネルギーを利用して水と二酸化炭素から炭水化物（糖）を合成します。これがご存じの「光合成」です。

植物は、その炭水化物からエネルギーを取り出して、あらゆる生命活動に利用し、自ら生長します。エネルギーを取り出す仕組みを「呼吸」と呼びますが、植物は本来、光合成と呼吸というシステムのおかげで育つものです。肥料をわざわざ施す必要がないことは、垂直仕立て栽培を試せばすぐに実感できると思います。

肥料は、ナスの植物ホルモンのバランスを崩し、ナス本来の生長を邪魔します。

ナスの生長に合わせて枝を支柱に縛りつけて育てます。この手間だけで、肥料を与えなくてもナスの実が鈴なりに実るようになります。

1 垂直仕立て栽培では、ツヤのある実が次々と収穫できます。植物ホルモンのバランスがとれている証拠です。2 誘引がはずれて横になっている枝があります。横倒しになった枝には実がつきにくく、わき芽が多く出ているのがわかります。縛り直しておきましょう。

## ❶土づくり

### 肥料や堆肥を入れずに畝を用意する

どの栽培書を見ても「ナスは肥料食いなので元肥をたっぷり施し、追肥をしながら育てる」と書いてあります。しかし、枝を垂直に縛ると肥料を与える以上にナスの生長が促進されますから、垂直仕立て栽培では堆肥も肥料も一切不要です。

畝に草が生えていたら鍬や鎌で削り、タネまきや苗植えをする位置の周囲の土を軽くほぐしておきます。

粘土質の畑など水はけの悪い畑なら畝を高めにして水の抜けをよくし、水はけのよい畑なら畝は低めにつくります。

なお、畝に黒のマルチフィルムを張ると除草の手間が省けるうえ、ナスの生長も早くなるのでおすすめです。

1 草が生えていたら鍬で削ります。2 畝の高低で水はけを調節します。畝の形を整え、黒マルチを張るか刈り草を敷いておきましょう。１列植えなら畝の幅は60cm程度、２列植えなら幅90cm程度の畝にちどりに植えます。

## ❷タネまき

### 苗を植えてもいいがおすすめは直まき栽培

ナスは高温性の植物です。気温・地温が十分に上がってから栽培を始めます。中間地なら5月の連休明けにタネを畑に直まきします。

株間は50～60cmが目安です。垂直仕立てでは枝が横広がりにならないので、みなさんが普段育てている場合よりも株間を狭くしても大丈夫です。1か所に3～4粒のタネをまき、覆土・鎮圧したら新聞紙か不織布で覆って土の乾燥を防ぎ、発芽を待ちます。1週間～10日で発芽を確認したら不織布などをはずし、あんどんで囲っておきます。

本葉1～2枚に育ったら間引いて丈夫そうな苗を1株残します。

なお5月の連休前後に、購入苗や自分で育てた苗を定植しても構いません。ただ、タネを直まきする方が根の張りが素直で、ナスは元気に育ってくれます。

1 ナスのタネを５月の連休明けに畑にまきます。自家採種したタネならベストです。2 株間50～60cmで１か所に３～４粒のタネを落とします。3 タネに土をかけ、しっかりと鎮圧しておきます。4 足でよく踏んでおくと発芽がそろいます。

**間引いて1本を残す**

本葉１～２枚で１か所１本にします。引き抜くと残す苗の根を傷めるので、ハサミで地際から切って間引きましょう。

## ③垂直に縛り始める

### 草丈25㎝程度の頃に枝を支柱にギュッと縛る

苗が育って第1花が咲く頃に支柱を1本垂直に立て、麻ヒモで8の字縛りにして苗を支えます。支柱は長さ2m程度で太めのものを利用し、根が切れてもいいので苗のすぐ脇に挿してください。

支柱はナスの主枝の西側に立てるのがポイントです。理由は、西日が当たると高温で樹勢が弱まるためです。

さて、草丈が25～30㎝に育ったら垂直仕立てを開始します。この頃になると、イラストのように第1果付近に2～3本の強い枝（わき芽）がグンと伸びます。麻ヒモをグルっと回して、伸び始めた枝を支柱にぴったりと沿わせて縛ってください。なお、地際近くの節（葉の付け根）から小さなわき芽が出てきますが、これらは摘まずに放っておきます。わき芽かきは基本的に行いません。

**隙間をつくらずにわき芽を縛る**

枝を縛る際に、支柱と枝に隙間ができないように麻ヒモをギュッと締めるのがポイントです。隙間があり枝が斜めになっていると、そこでオーキシンが浪費されます。

**ナスの主枝の西側のすぐ脇に支柱を挿す**

**8の字に縛っておく**

支柱を立てたら麻ヒモで8の字に縛って誘引し、株を支えておきましょう。なお、あんどんは5月末くらいになったら撤去します。

ポイント①

# 4本か6本の主枝を垂直に縛る

## 植物ホルモンがバランスよく活性化

その後もわき芽を伸ばして、支柱に垂直に縛っていきます。新芽で生成されるオーキシンが発根を促し、細根の先端部分でサイトカイニン、ジベレリン、エチレンなどの植物ホルモンが盛んに生成されます。

栄養生長と生殖生長のバランスが自然にとれて、枝の伸長、着花、結実、実の成熟が進み、驚くほどの収穫がもたらされます。

ナス栽培では、4本または6本の強い枝を支柱に縛って垂直仕立てにします。たくさん出るわき芽のうち細いわき芽は、ついた実を収穫したら根元で切るか折り取って整理します（左ページ下のイラスト参照）。

なお、前項で紹介したトマトもそうでしたが、枝の数は偶数で仕立てるのが基本となります。奇数本を仕立てると、枝に強弱が生まれ、そのうちの1本が弱くなります。

一般的な栽培法では枝が広がると落花が多くなります。また、窒素肥料に頼るためエチレンの生成量が下がり病虫害に悩まされます。

## ④収穫

### 主枝につく実がおいしい 側枝の実はサブ扱い

垂直に仕立てた4本ないし6本の主枝についた実を順次収穫していきます。これらの主枝につく実が高品質になるので、収穫のメインにします。開花から約10日～2週間後がもっともおいしいタイミングです。

このほかに、わき芽が育った側枝にも実がつきます。1～2果を採ったら側枝を根元で切り落としましょう。こうすることで主枝の数は常に4本ないし6本にキープされます。

なお、側枝は根元を残さずにスパッと切ること。根元を残すと腐りやすいだけでなく、ジベレリンが働いて異常生長し、わき芽が次々に出てきます。

### 4～6本の主枝につく実をメインに収穫する

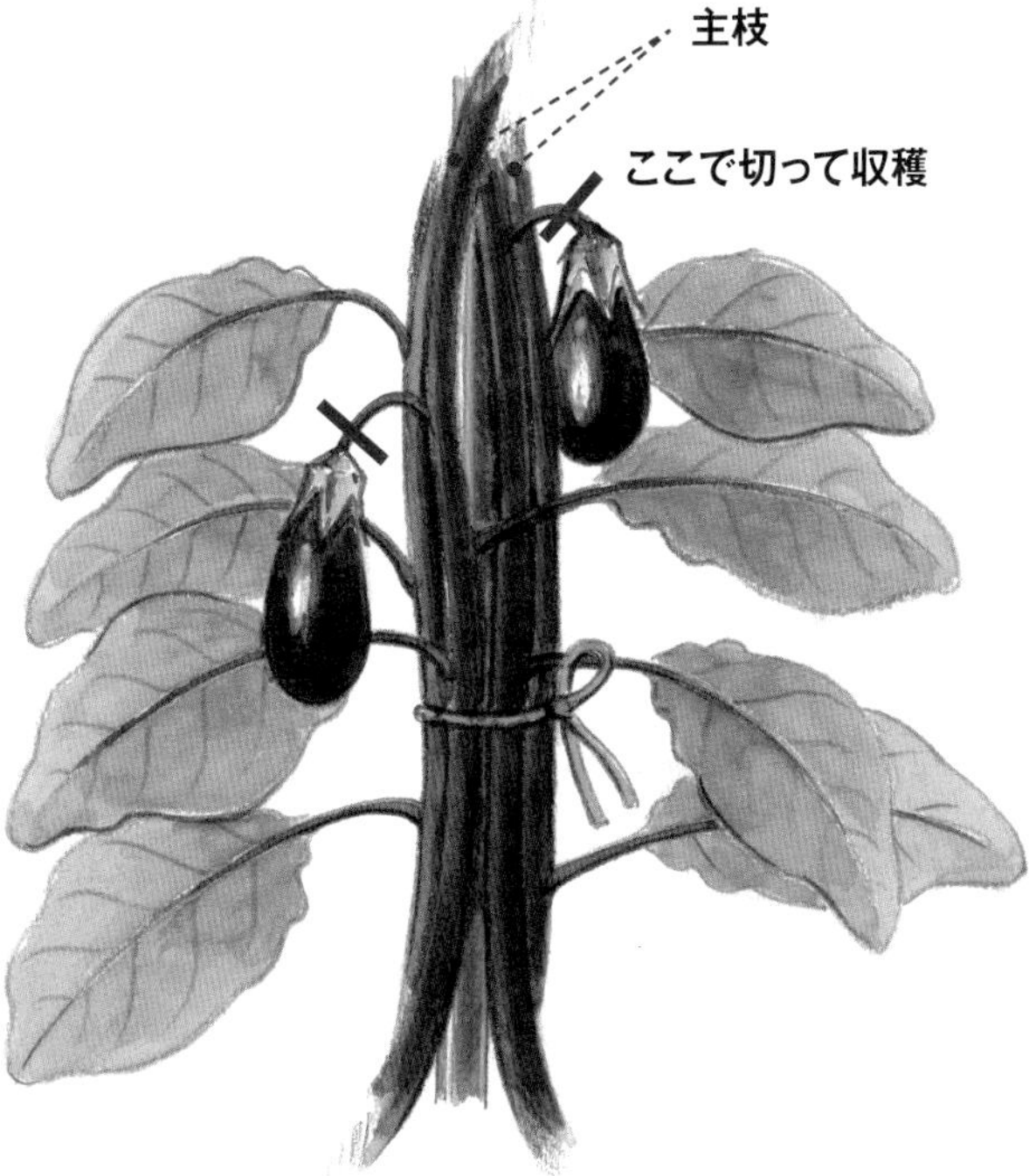

主枝
ここで切って収穫

### 側枝（孫枝）につく実を収穫したら側枝を切って主枝4～6本をキープ

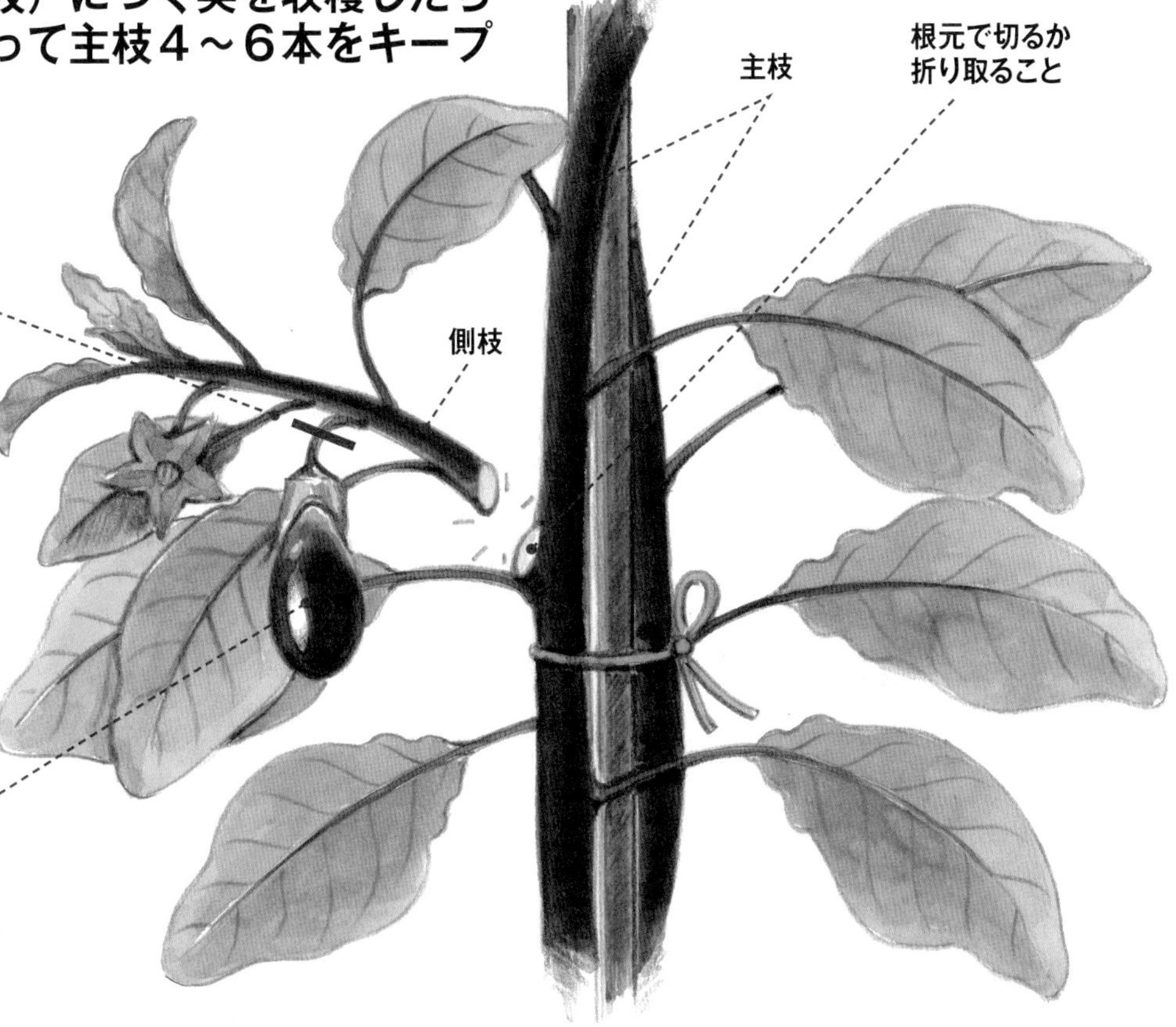

主枝
根元で切るか折り取ること
切って収穫
側枝
側枝からは1～2果を採る

ポイント②

# 下の方からわき芽が出たら摘まずに縛って伸ばす

## 根にトラブルがあるとわき芽が伸び出す

栽培を続けていると、地際から第1花付近にかけての、株の下の方の節（葉の付け根）からもわき芽が伸び出してきます。

一般的な栽培書には「これらのわき芽は小さなうちに摘み取ること」と書かれています。伸びて枝になっても、いい実がつかないためです。

けれども、わき芽が伸びるのは、根に何らかのトラブルがあって、ナスが新しい根を伸ばそうとしている証拠です。

垂直仕立て栽培では、これらのわき芽も垂直に縛り上げます。ただ、すべて縛り上げる必要はなく、2〜3本を選んでそれ以外は摘んでしまって構いません。20日〜1か月、わき芽を垂直に伸ばしたら、根が十分に発達したと判断して、根元でスパッと切り離します。

また、接ぎ木苗を利用している場合、栽培途中で台木からわき芽が出ることがあります。この場合も、わき芽を摘まずに垂直に縛り上げてください。台木に使われている植物の品種によっては、わき芽に鋭いトゲがつくものもあります。ケガに注意して扱ってください。自根苗と同じく、20日〜1か月垂直に伸ばしたらお役御免です。台木から出たわき芽は根元で切り離しましょう。

まっすぐに
立てて誘引

**下部からわき芽が出るのは**
**ナスが根を伸ばしたがっている証拠**

ナスの地際近くにわき芽が伸びています。垂直方向に曲げて縛っておけばオーキシンが下がっていき、発根が大いに促されます。なお、小さなわき芽は摘んでしまいますが、その際には必ず根元で折り取るか、カッターやハサミを使って根元の際でスパッと切ること。根元を残して途中で切ると傷口が癒えにくく、さらにわき芽が増えてしまいます。

**接ぎ木苗の台木から出るわき芽も**
**しばらく摘まずに縛って伸ばす**

接ぎ木苗の台木部分からわき芽が伸びています。葉の形が育っている上部とは明らかに違います。接ぎ木苗は、土壌病害に強い品種を台木にし、栽培・収穫する品種を穂木にして接いだ苗のことです。台木から生えたわき芽も垂直方向に曲げて縛っておき、根を発達させてあげましょう。こちらも20日〜1か月したら切り離します。

ポイント③

# 支柱の高さに届いたら枝を更新する

## 2mの高さまでナスが育つことも

垂直仕立て栽培を続けていると、草丈がどんどん高くなります。土壌の状態にもよりますが、２ｍ以上に育つと思ってください。収穫やメンテナンスをするのに、集荷用のコンテナなどを踏み台にしてようやく手が届くくらいの高さです。こうなったら、枝を更新して再び低い位置から収穫を始めます。下のイラストがそのイメージです。

更新の方法は、まず、栽培途中でナスの中段あたりの側枝を切り離さずに縛って垂直に育てておきます。次に、最初に仕立てた枝が支柱の高さを越えたら切り離して、育てておいた若い枝を支柱に縛り直します。こうして枝の新旧交代をします。

繰り返しますが、古い枝を切り離す際にも、根元を残さないことがポイントです。根元を残すと枝を失った分を何とか挽回しようとジベレリンが働いて異常生長し、この付近にわき芽が次々と発生します。

**中段に育てた若い枝にバトンタッチする**

若い枝にバトンタッチして支柱に縛り直して栽培を続けます。４本ないし６本の枝をすべて更新しますが、一度に更新すると負担が大きいため、日を置いて順番に更新していきましょう。

# 03 キュウリ

ウリ科

## なり疲れしにくく、まっすぐな実が長期間採れる

キュウリのツルをまっすぐに立てた支柱に縛って誘引していきます。やがてツルが支柱の高さを超えたら、ツルをずり下ろして垂直仕立て栽培を継続します。

■キュウリの栽培スケジュール（中間地）

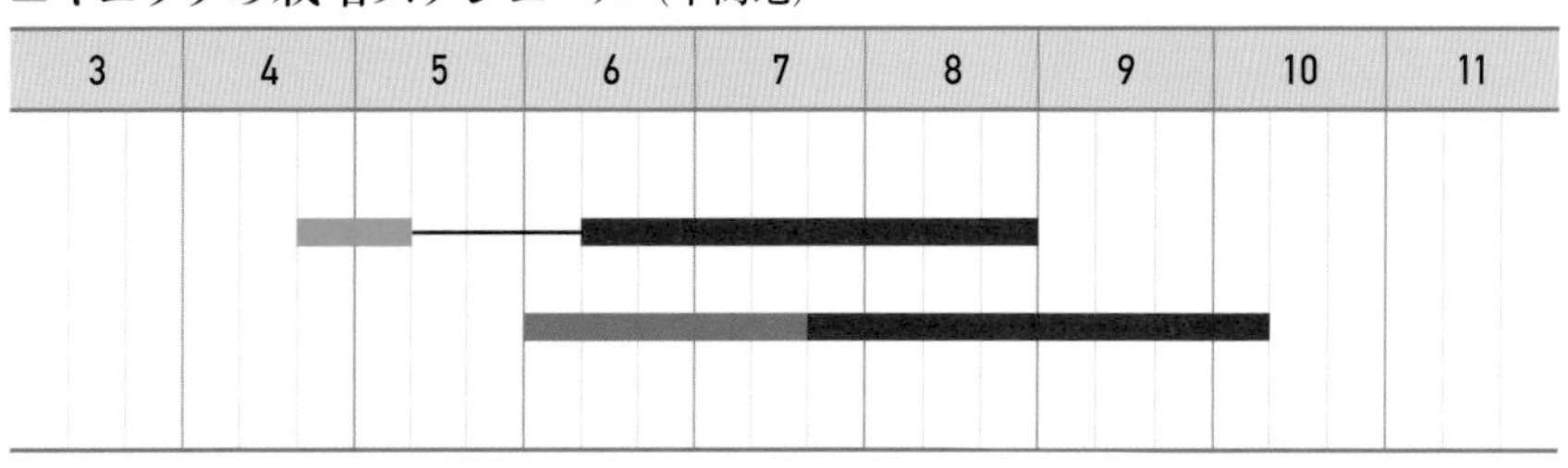

# 通常栽培との違い

## 温かくなったら直まきがおすすめ

ここまで読み進めた方なら、前ページの写真を見て「キュウリの生長点でオーキシンが生成され、垂直のツルの中を浪費されることなく通って根の先端に届き、新しい根がどんどんつくられている」と、そんなイメージがわいたかもしれません。無肥料でキュウリがたくさん採れると聞いても、もうそれほど驚かないかもしれませんね。

さて、垂直仕立て栽培では、堆肥や肥料を畑に施さずに野菜を育てるのが前提です。そのため、肥料をたっぷり使って育てられた市販の苗では、どうしても活着するのに時間がかかってしまいます。

無肥料栽培では、タネを直まきした方が野菜は素直に育ちます。無肥料で育てた野菜から自家採種したタネなら申し分ありません。キュウリの場合も5月の連休頃に購入苗を植えても構わないのですが、おすすめは直まきです。

6月に入り気温も地温も十分に高くなったら、キュウリのタネを畑に直まきして栽培を始めましょう。中間地なら、7月中旬くらいまでタネをまくことができます。

## 1本の支柱に誘引するかネットを張って誘引する

45ページから、2通りのキュウリの垂直誘引を紹介します。

実が親ヅルの節ごとにつくタイプのキュウリは1本の支柱に誘引し、また、子ヅルの方に実がよくつくタイプのキュウリは、ツル数が増えるのでネットを張って垂直方向に誘引します。

いずれも、無肥料でおいしいキュウリがたくさん採れます。そして、ツルの下ろし方、古いツルの切り離し方を覚えて、キュウリを長期間収穫しましょう。

垂直仕立て栽培を導入して成果を上げている、生産農家さんのキュウリのハウス栽培です。キュウリをヒモで垂直に吊るして育てています。大きく育った葉で盛んに光合成をし、旺盛に生長しています。

## ❶土づくり

### 肥料も堆肥も不要　耕して畝を用意する

キュウリの畝を用意します。サイズや形は、みなさんが畑で普段からキュウリ用につくっている畝と同じで構いません。ただ、違う点は、堆肥と肥料を入れないことです。

草が生えていたら鎌や鍬で削り取って、畝の形を整えておきます。

水はけのいい畑なら畝立てはせず、水はけが悪い粘土質の畑なら周囲に溝を掘って水はけをよくし、畝を高めにつくりましょう。

なお、畝に黒のマルチフィルムを張ると、草も抑えられ、キュウリの育ちがよくなり、草も抑えられます。マルチフィルムを利用しない場合は、ワラや刈り草を畝に敷いておくといいでしょう。

また、無肥料の不耕起栽培をしている場合は、タネをまく場所だけ草を削って土を少しほぐし、タネまきに備えてください。

堆肥や肥料を入れずに畝を用意します。垂直仕立てにすると無肥料でも野菜がよく育ちます。肥料を与えると病虫害に悩まされます。

## ❷タネまき

### 1か所に2粒まいて　本葉2～3枚で間引く

株間は50～60㎝とって、1か所にキュウリのタネを2粒ずつまきます。1㎝くらい覆土して、しっかり鎮圧しておきます。タネをまいたら防虫ネットのトンネルを掛けておくと虫に食われる心配がありません。

1週間を待たずに発芽します。本葉が2～3枚になったら、元気な苗を残して間引いてください。

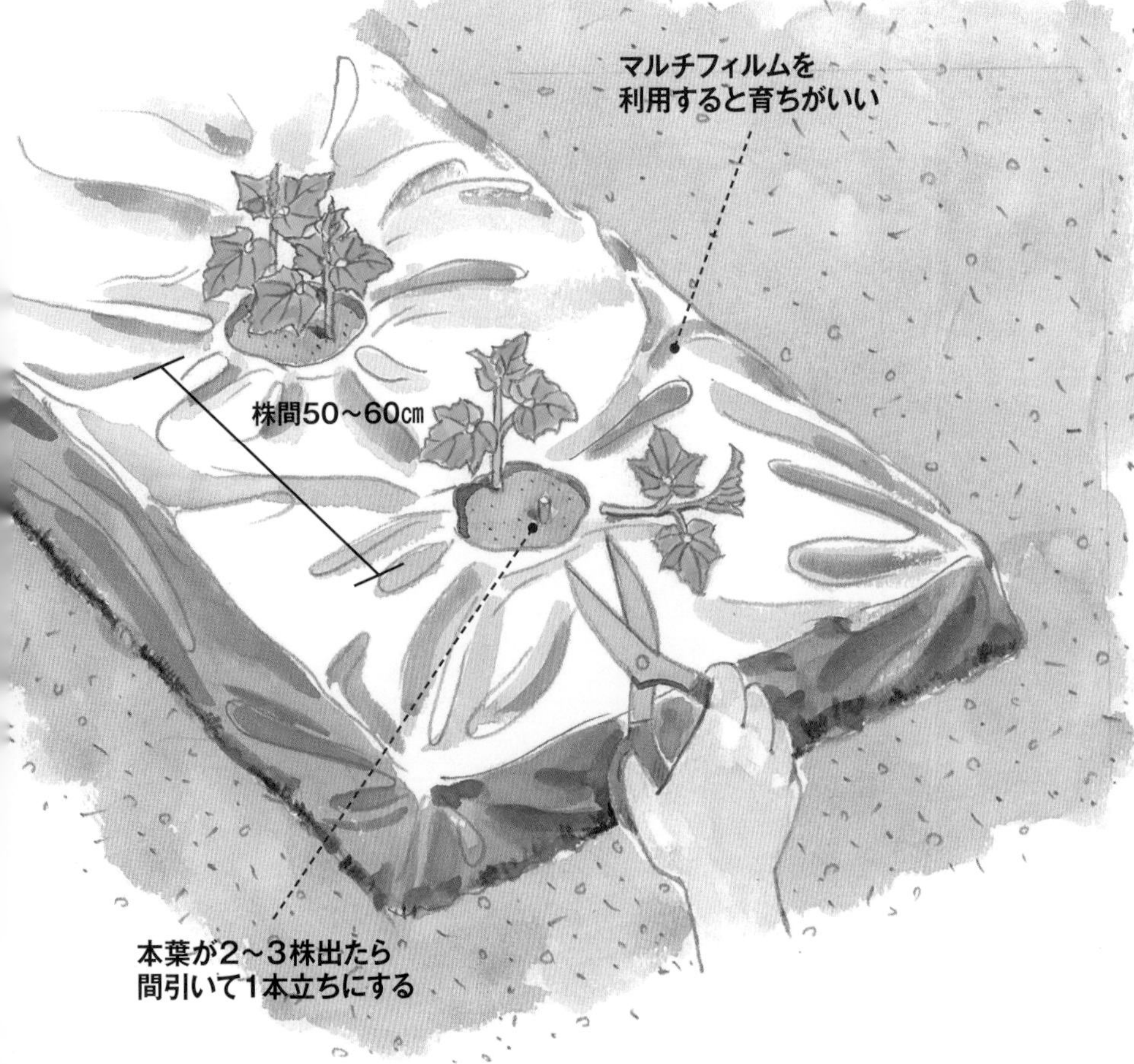

## ③ネットにツルを垂直に誘引する

### 垂直仕立て栽培では親ヅルの摘芯はしない

草丈が約15㎝になったら、防虫ネットのトンネルをはずして垂直に縛り始めます。支柱を立てて園芸ネットを張り、麻ヒモなどで親ヅルを縛って固定しましょう。

園芸ネットはピンと張る

麻ヒモまたは粘着誘引紙テープなどで固定する

キュウリには、親ヅルの節ごとに実がつく〝節成りタイプ（47ページ参照）〟と、子ヅルの方に実がよくつく〝飛び節成りタイプ〟があります。

飛び節成りタイプの「一般的な栽培法」では、親ヅルを7節目くらいで摘芯して3本の子ヅルを伸ばします。けれども、垂直仕立て栽培では親ヅル摘芯はしません。

親ヅルの生長点では、発根作用のあるオーキシンが生成されています。摘芯すると、せっかくの根の発達を邪魔することになるからです。

1 垂直に誘引するので、合掌型やアーチ型ではなく、スクリーン型の支柱を用意します。2 親ヅルを垂直に誘引していきます。親ヅルを伸ばしていく節成りタイプはもちろんですが、飛び節成りタイプも摘芯をしません。

ポイント①

# 4～8本のツルを垂直方向に誘引

## 子ヅルも垂直に誘引する増えすぎたら切っていい

親ヅルを垂直方向に誘引しているうちに、子ヅルが伸び出します。子ヅルもネットに縛って垂直に誘引していきましょう。

前項までに紹介してきたトマトやナスのように、親ヅルに子ヅルを沿わせてギュッと縛るのが理想なのですが、子ヅルが増えてきたら右イラストのように、すぐ隣で垂直に誘引していくといいでしょう。

親ヅルを摘芯する一般的な肥料栽培と違い、垂直仕立て栽培では子ヅルの発生はそれほど多くありません。全体で4～8本のツルを育てるといいでしょう。なお、ツルの数は偶数本で仕立てるのが基本です。奇数本だとどれか1本がいじけてしまいます。

子ヅルの本数がこれ以上に増えるようなら、切って構いません。ただし、子ヅルの根元を残さずに切ってください。31ページのトマトのわき芽かきを参考に。

根元を残して切ると、サイトカイニンとオーキシンが出合えず傷口の癒合が進まずに、腐りだすことがあります。また、ジベレリンが働いて、わき芽の異常発生も起こります。

## ④収穫

### 早め早めの収穫で収量がアップする

キュウリの実が収穫サイズに育ったら、取り残しがないようハサミで切って収穫しましょう。

垂直仕立て栽培では、驚くほどたくさんの実がなります。オーキシンが根の量を増やし、各種植物ホルモンがバランスよく活性化する賜物(たまもの)です。キュウリのポテンシャルが最大限に発揮される状態になります。

着花量を増やすサイトカイニンが活性化するため、たくさんの実を収穫できるようになります。また、トマト、ナス、キュウリのように下向きにつく実は、オーキシンの働きで糖度が上がることがわかっています。

### 節成りタイプのキュウリは1株に1本の支柱を立てて垂直仕立てにするといい

1 便利な誘引クリップが各種市販されています。49ページの「ツル下ろし」もラクに作業できます。2 親ヅルの節ごとに実がなるように品種改良されたのが、節成りタイプのキュウリです。子ヅルの発生が少ないので、ネットに誘引するよりも、1株に1本ずつ支柱を垂直に立てて誘引していく方法がおすすめです。

ポイント②

# 親ヅルや子ヅルが支柱を超えたら若いツルに更新

## 長期間の栽培が可能な垂直仕立て栽培

キュウリの親ヅルや子ヅルが支柱の先端に届いたら、古いツルを片付けて、その代わりに若いツルを伸ばせば、栽培を長く続けられます。そのために、栽培途中で世代交代用のツルを準備しておきます。株の下段に元気そうなわき芽が出ていたら、ネットに垂直に誘引して育てておきましょう。

古いツルを切るときは剪定バサミなどを使い、イラストの通りに根元の部分でスパッと切ってください。こうすると、サイトカイニンとオーキシンが働き、傷口が速やかに癒えます。なお、ツルの更新作業は一度に何本も行わず、日を置いて1本ずつ行うのがおすすめです。大手術ですから、キュウリになるべく負担がかからないようにしましょう。

さて、垂直仕立て栽培では、肥料栽培と比べて根の先端で生成されるエチレン量が多く、病虫害への抵抗力が高いのが特徴で、そのおかげもあり、キュウリを長期間栽培することが可能になります。窒素を吸うとエチレン量が下がることがわかっています。通常の肥料栽培ではこうはいきません。

1 古いツルを根元でカットします。2 用意しておいた若いツルをネットに垂直に誘引して栽培を続けます。埼玉県小川町の横田農場、横田茂さんの畑で撮影。

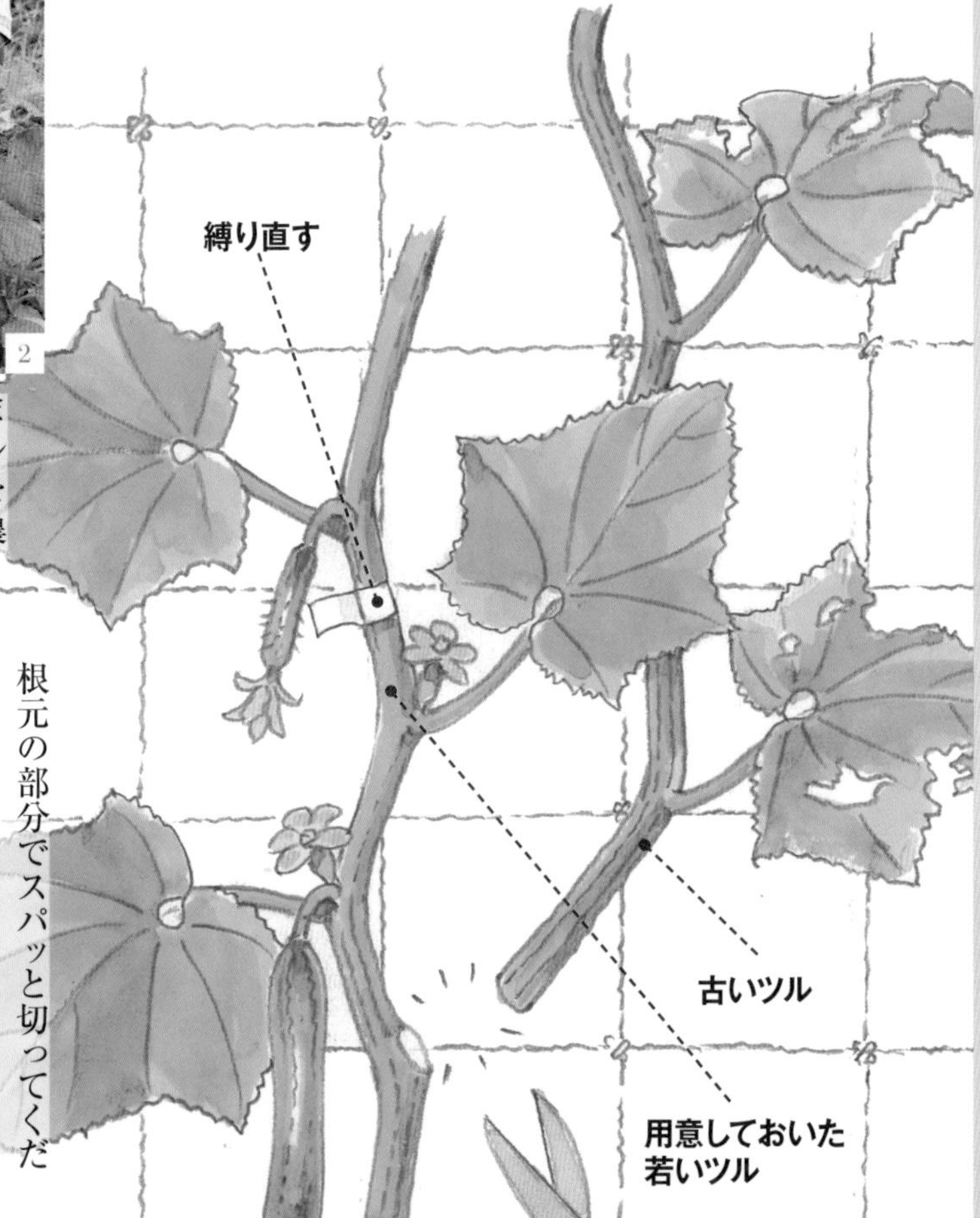

縛り直す

古いツル

用意しておいた若いツル

ポイント③

# 節成りタイプは〝ツル下ろし〟で栽培を続ける

## いったん誘引をほどいて

縛り直す

親ヅル1本を伸ばす節成りタイプのキュウリは、支柱の高さに達したらツル全体を下ろして栽培を続けるのがおすすめです。畝に1列に植えているなら、下ろすたびに地際でツルをとぐろのように巻きます。

2列植えの場合はツルを下ろしてとぐろのように巻くか、またはイラストのように隣の支柱に縛り直してツル下ろしをするといいでしょう。

節成りタイプのキュウリは、ツル下ろしをするたびにツルをグルグル巻きにするのがおすすめ。ツルを折らないように気をつけます。

**1列に植えているなら…**

約50㎝ずつ下ろす

とぐろのように巻いていく

**2列に植えているなら…**

ツルが支柱の高さに届いたら、いったん誘引をほどいて隣の支柱に縛り直します。ここからまた、先端に届くまで栽培を続けます。

ツルが伸びてまた支柱の高さに届いたら、また誘引をほどいてさらに隣の支柱に縛り直します。以降、これを繰り返していきます。

04

# スイカ

ウリ科

## 横方向に「まっすぐ」育てて甘い実を採る

## 通常栽培との違い

### 親ヅルの摘芯をせずすべてのツルを伸ばす

通常のスイカ栽培では、活着後に親ヅルを摘芯し、子ヅルを3本ほど伸ばす仕立て方をとります。しかし、発根促進を重視する垂直仕立て栽培では、親ヅルの摘芯は行いません。オーキシン量を十分に確保して、各種植物ホルモンを活性化させたいためです。

### スイカは横方向にツルをまとめて伸ばす

ところで、上の写真を見て「垂直ではない。これではスイカの水平栽培ではないのか？」と、指摘されそうですが、その通りです。スイカの場合は、ここまで紹介してきた垂直仕立て栽培とは見た目が異なり、横方向への仕立てになります。

スイカのツルを広げずに一方向にまとめて育てることがポイントで、スイカ畑を真上から見ると、これまでに紹介してきた枝を縛ったナスやトマトと同じ姿になっています。ここが共通する点です。

植物には、側枝が広がると主枝が弱くなる性質があります。たとえ横方向であっても、主枝に側枝を沿わせて育てると、各種植物ホルモンの活性が高まって好結果を

雨が少なくて気温の高い夏には、甘いスイカが採れます。無肥料の垂直仕立て栽培では、天候にはさほど左右されずに安定した収穫が望めます。

順調に育つ垂直仕立て栽培（ただし横方向）のスイカ。親ヅルと子ヅルを束ねて育てるので、株間は通常よりも狭めで構いません。畑の中を歩きやすく世話がラクにできます。

垂直仕立て栽培を行うと、無肥料で味のいいスイカが採れます。病虫害に悩まされることもまずありません。

生むのです。

スイカはツルや実の重量が大きいため、キュウリのような立体栽培をするには頑丈な棚をつくる必要があります。風でグラグラ揺れるようでは生育が阻害され、大風で倒れたらアウトです。また、ツルを支柱にこまめに誘引する必要があり、手間と時間がかかります。

ただ「それでも」というなら垂直方向への誘引を試してみてください。親ヅルは摘芯はせずに伸ばし、出てくる子ヅルとともに麻ヒモなどで縛って束ね、まっすぐ上方へと誘引していきます。スイカの実が太りだしたら、タマネギネットを利用して吊っておきます。

## ■スイカの栽培スケジュール（中間地）

| 3 | 4 | 5 | 6 | 7 | 8 | 9 | 10 | 11 |
|---|---|---|---|---|---|---|---|---|
| | | 苗を植える | | 収穫 | 収穫 | | | |
| | | タネを直まきする | タネを直まきする | | 収穫 | 収穫 | | |

■苗を植える　■タネを直まきする　■収穫

## ❶土づくり

### 堆肥や肥料を施さず土を耕すだけでいい

スイカの原産地はアフリカ。高温を好み寒さに弱いため、タネまきや苗の定植は、中間地では地温、気温ともに上がってくる5月の連休以降に行います。それまでに、畝の準備をしておきます。

スイカは水はけのいい土壌を好みます。粘土質の畑ならやや高めの畝を用意しておきます。水はけがいい砂質や壌土の畑では、耕しておくだけで十分です。

堆肥や肥料は使いません。肥料を与えると、スイカは味が悪くなり、病気や害虫も増えます。

畝をつくったら黒マルチを張っておくのがおすすめです。地温を上げスイカの初期生育を促し、雑草が生えるのを抑えてくれます。

畝の隣にはツルを伸ばすためのスペースを用意しておきます。広くても狭くても、畑なりで構いません。狭い畑では支柱を利用する方法がおすすめです。54ページのイラストを参照してください。

1 幅60㎝程度の畝をつくります。草が生えていたら鍬で削り、鍬で深さ約20㎝までを耕します。2 畝に黒マルチを張り、最低1週間おいてから、タネまきや苗の定植を行います。土が温まり、発芽や苗の活着がよくなります。

## ❷タネまき

### 5月の連休以降にタネを直まき

5月の連休以降に、スイカのタネを直まきします。ホームセンターなどで苗を購入して植えてもいいでしょう。ただし、タネを直まきした方がスイカは圧倒的に元気に育ちます。販売している苗は肥料をたっぷり与えられて育ったものですから、見た目は立派でも、それほど強くはありません。

タネのまき方は、株間約60㎝で1か所に3粒ずつの点まきです。

一般的な株間よりもかなり狭めですが、ツルを広げずに育てるので大丈夫です。畑の広さに余裕があれば株間を80～100㎝とるといいでしょう。なおよく育ちます。

## ③間引く

### 本葉1枚半で間引いて1か所に1本立ちにする

タネをまいたらホットキャップをかぶせるか、不織布をべた掛けして保温して発芽を促します。

約1週間で発芽がそろいます。その後、2枚目の本葉がチョコッと見えた頃に間引きをして、いい苗を1本残します。

残す苗は、双葉が大きく、軸が太くてガッシリした感じの苗です。

間引き後もしばらくは、ホットキャップや不織布のべた掛けで保温して育てるといいでしょう。

購入苗を植えた場合は、あんどんで囲って保温しておきます。

## ④誘引スタート

### 棒を2本立ててツルを挟んで誘導する

親ヅルが15～20㎝の長さに育ったら、ホットキャップや不織布を撤去して、いよいよ誘引を始めます。

ツルを伸ばしたい方向に親ヅルをそっと置き、下のイラストのように棒を2本立てて挟んでおきます。

購入苗の場合も同様に誘引を開始します。あんどんからツルの先端が顔を出すくらいに育ったら、あんどんを撤去し、棒を2本立てて同じように誘引します。

### 親ヅルの摘芯はせず子ヅルを親ヅルに沿わせる

スイカ栽培では「本葉5～6枚で親ヅルを摘芯し、強い子ヅル3～4本を伸ばす」のが「常識」になっています。けれども、垂直仕立て栽培では親ヅルの摘芯は行いません。

親ヅルの先端では、発根を促す植物ホルモン「オーキシン」が生成されています。親ヅル摘芯は、根の生長を阻害することになります。

やがて節から子ヅルが伸びてきたら、それも棒の間に挟んで親ヅルに寄り添わせて同方向に誘引します。

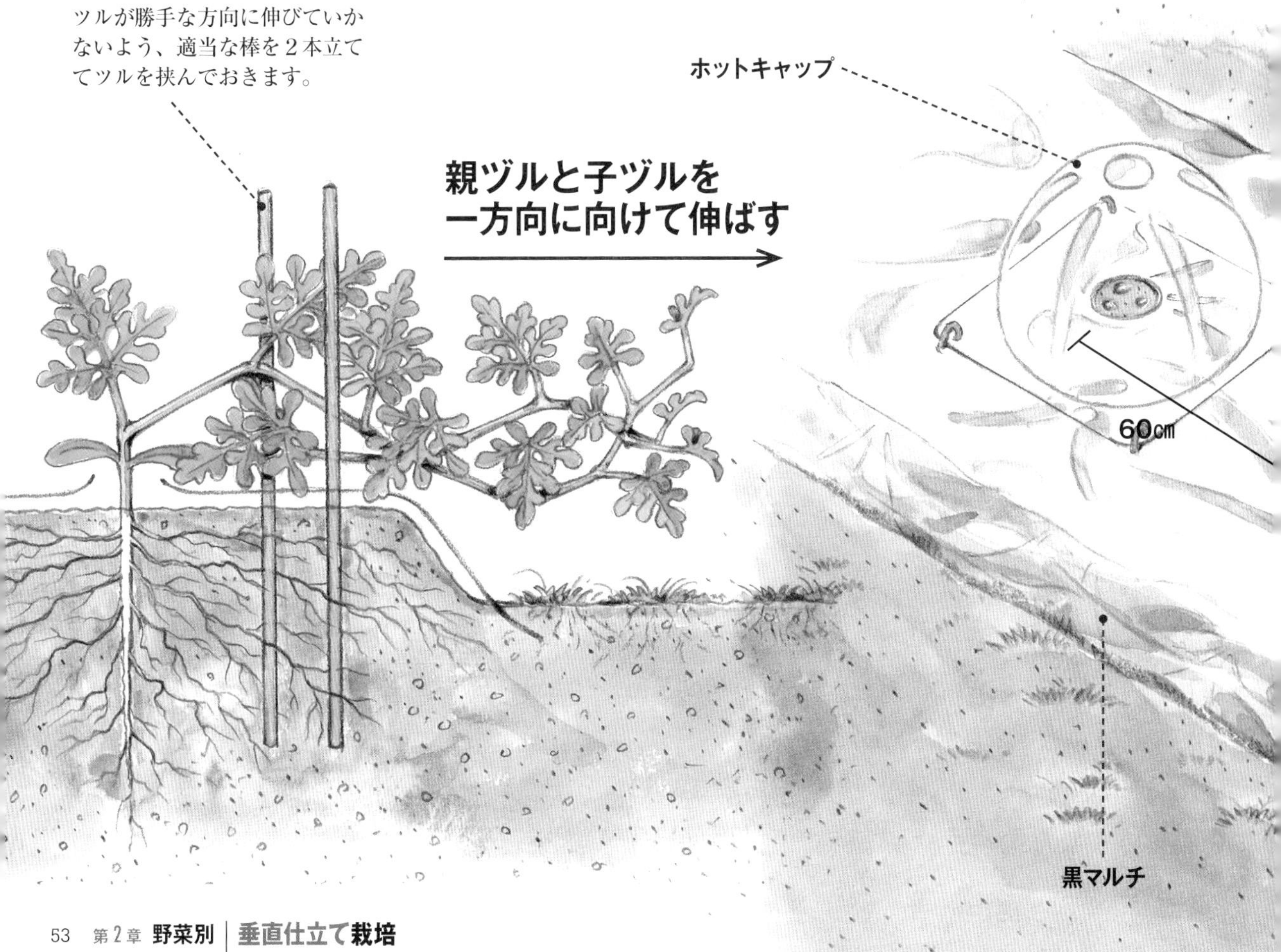

ポイント

# 親ヅルに子ヅルを沿わせて伸ばす

## すべてのツルをまっすぐ伸ばして後半はネット利用

親ヅルをそのまま伸ばし、生えてくる子ヅルはすべて親ヅルに寄り添うようにまとめ、一直線に伸ばしていくのが最大のポイントです。トマトやナスの垂直仕立て栽培で行うように、スイカのツルを麻ヒモで縛って束ねてもいいですが、下のイラストのように2本の棒で挟む方法なら手間がかからず簡単です。

はじめのうちは棒を立ててツルを挟み、強制的に同方向に誘引しますが、ツルが長くなったらツルを寄せるだけで大丈夫。ツル同士が巻きヒゲで絡み合うので、自然にまとまります。横にそれた迷子の子ヅルがあったら中心に寄せておきましょう。

広い畑なら、そのまままっすぐに育てていきます。市民農園などを利用していてスペースが限られる場合は、適当な位置にネット支柱を立てて、そこから垂直方向に誘引していくといいでしょう。やがて花が咲いて実がつきます。

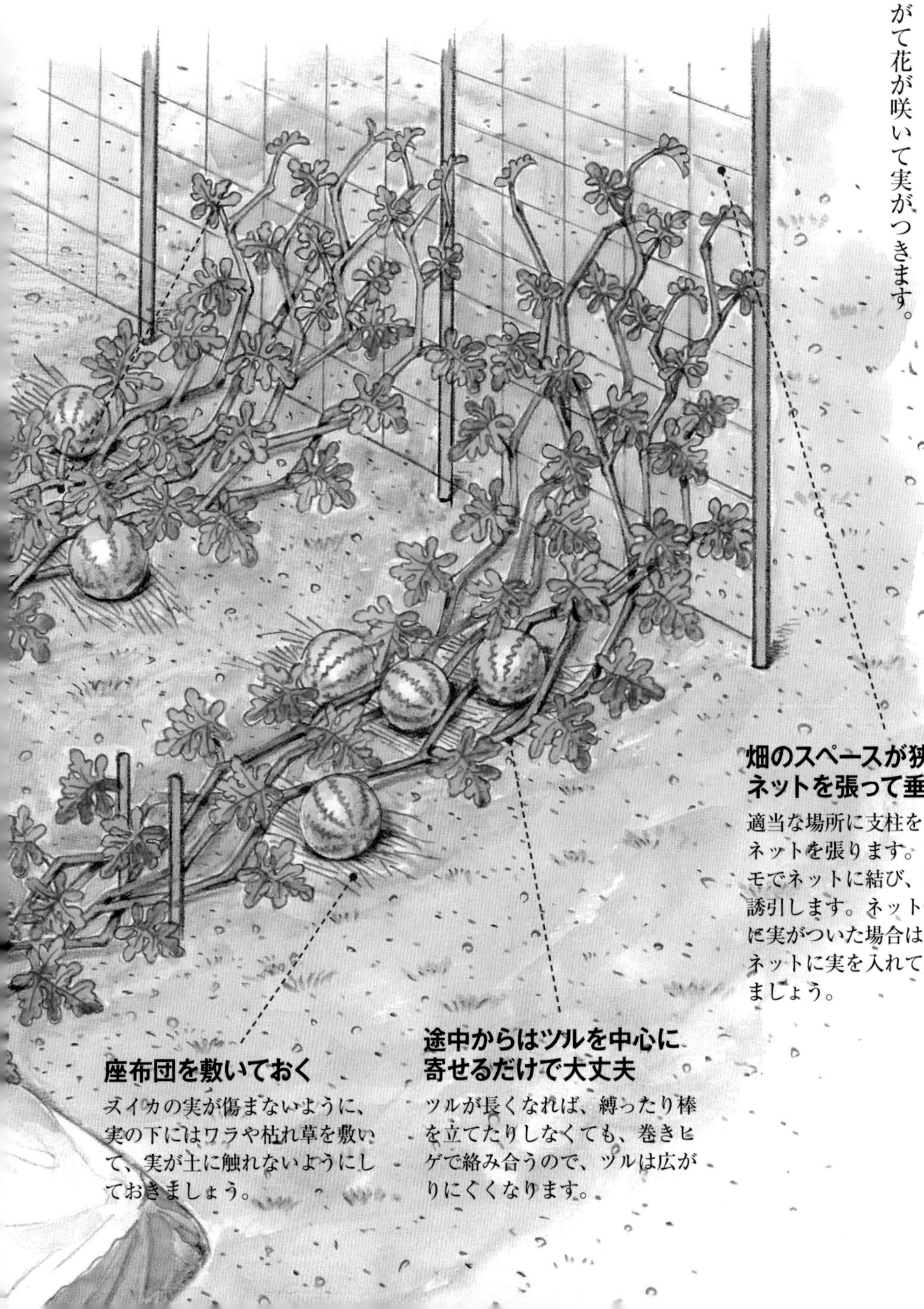

## ⑤収穫

### 摘果不要、自然まかせでおいしい実ができる

無肥料で垂直仕立て栽培をする場合は、1番果の摘果は不要です。

野菜づくりの教科書には「1番果はいい実にならないので摘果する」とよく書かれています。けれども、それは肥料栽培の話で、しかも親ヅルを摘芯して子ヅルを伸ばしていく栽培法での話です。

親ヅルを摘芯すると「切られた、さあ大変！」とばかりに、スイカはジベレリンを多く生成し、わき芽を盛んに出そうとします。植物ホルモンのバランスが崩れますから、当然のこととして、1番果は素直に育たず、味も悪いものになります。ちなみにジベレリンの異常活性は、肥料の効きすぎでも起こります。みなさんご存じの「ツルボケ」です。

オーキシン、サイトカイニン、ジベレリン、エチレンなどの植物ホルモンをバランスよく高レベルで活性化させれば、1番果からおいしい実になります。病虫害も気にならず、自然まかせがいちばんです。

一般的な栽培ではスイカは50日も過ぎると、株元近くに黄色い葉が目立つものです。この畑のスイカは老化が見られず青いまま。現象からして、植物ホルモンが活性化していることは明らかです。

**1番果もおいしくなる**

せっかく受粉して実になった1番果は、摘果せずに大事に育てましょう。垂直仕立て栽培では、1番果もおいしくなるからです。

収穫の目安は、小玉スイカで受粉から35〜40日、大玉スイカで45〜50日です。実の熟成は生育積算温度によるため、高温期ほど日数は短くなります。

05

# メロン

ウリ科

## 育て方はスイカと一緒。ツルを束ねて水平か、垂直誘引

5月の連休以降に苗を植えるか、タネを直まきして育てます。

スイカ栽培同様に、摘芯せずにすべてのツルを束ねて同方向にまっすぐに伸ばして育てるか、支柱に垂直に誘引して育てます。

雨よけハウスがあるなら、ヒモでツルを吊り下げて育てるのがおすすめです。

支柱栽培や吊り下げ栽培の場合は、実が膨らみだしたら、ツルを傷めないように、ヒモで吊っておきます。地面に這わす場合は、実の下に座布団を敷いてください。

### 垂直仕立てで甘いメロンになる

メロンづくりはスイカに準じます。土の過湿をとても嫌うので、水はけのいい畝を用意することがポイントです。

雨よけハウス内でメロンをヒモで吊って垂直栽培するのもおすすめ。雨による過湿が防げるので、好適な栽培環境になります。

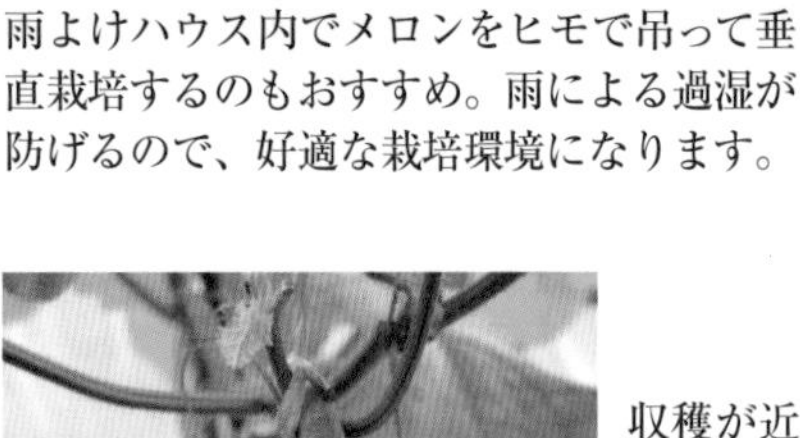

収穫が近づいたメロン。果柄とツルがつながっているところにヒモを回し、上から吊り下げて、ツルに負担がかからないようにしておきます。

■メロンの栽培スケジュール（中間地）

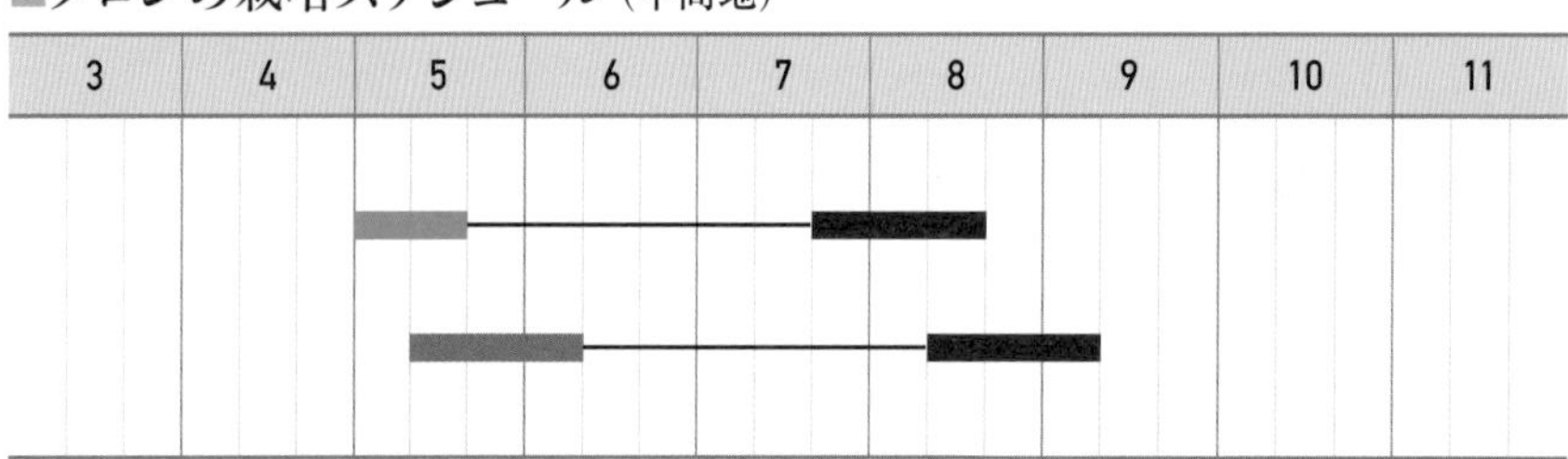

# 06 ピーマン

## 育て方はナスと一緒、驚くほどたくさんの実がなる

ナス科

2～3株に1本ずつ支柱を立て、渡した2本のヒモで株を縫うようにして枝を立たせて育てる方法もおすすめです。

### 支柱に垂直誘引するかヒモで挟んで枝を立てる

ピーマンは、ナス同様に5月の連休明けにタネを直まきして育てます。

1株ごとに支柱を垂直に立て、すべての枝を縛って育てるか、上の写真のように2本のヒモで株を縫うように挟んで枝を立たせます。

無肥料・不耕起の畝で育てると、枝の数が増えすぎることがなく、安定しておいしい実を収穫し続けることができます。肥料分が残っている畑でも、数年すると余計な肥料分が抜けて、畑に合った枝の数に落ち着きます。なお、肥料を使う通常の栽培よりも株間を狭めて植えて構いません。枝が広がらない分、風通しや日当たりがよくなるからです。

糖度の高いおいしい実が鈴なりになります。花弁7枚のピーマンの花が咲いているのは、植物ホルモンが活性化している証拠です。

■ピーマンの栽培スケジュール（中間地）

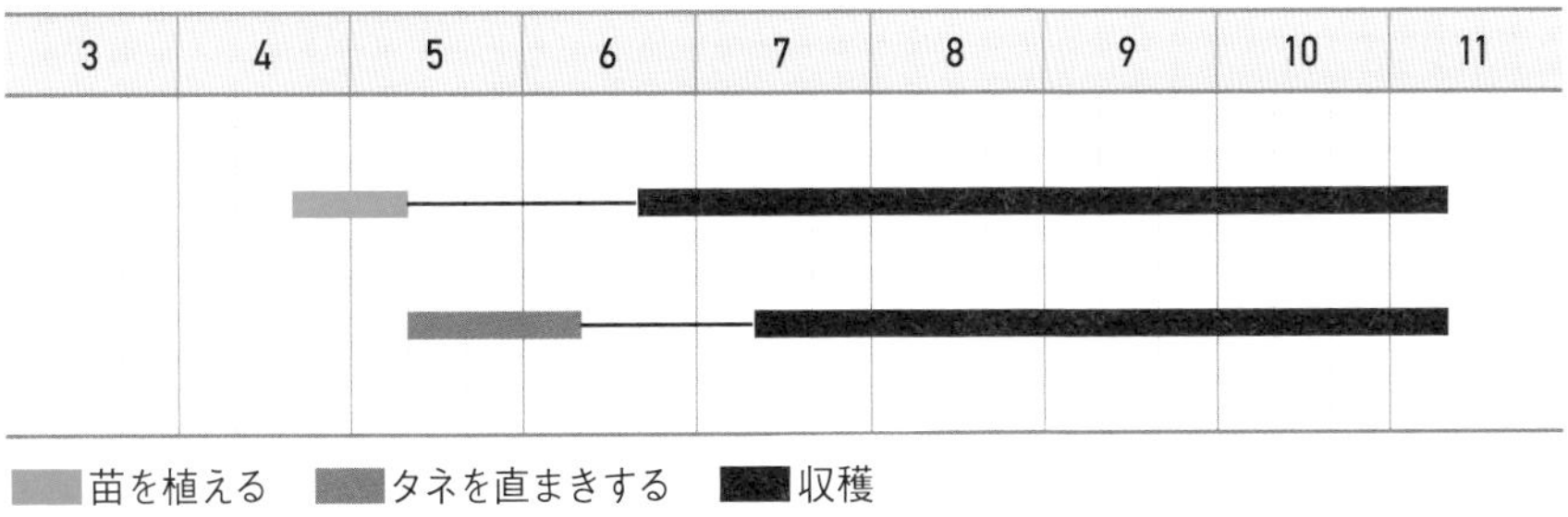

3 4 5 6 7 8 9 10 11

苗を植える　タネを直まきする　収穫

# サツマイモ

## 通常の放任栽培より味がよく、収量もアップ

ヒルガオ科

長さ２ｍ程度の支柱を１株ごとに立てて、サツマイモは自分では上っていかないので、こまめに縛って垂直に誘引します。広島県の池田千恵美さんの実践例です。

■サツマイモの栽培スケジュール（中間地）

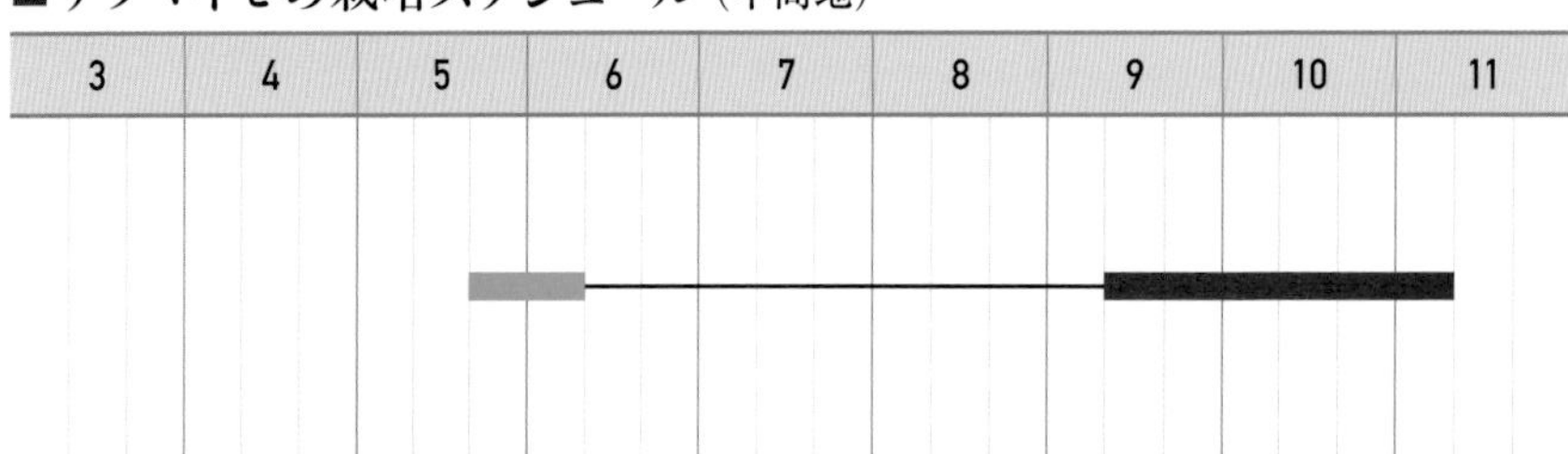


ツル苗を植える　収穫

# 通常栽培との違い

## ツルを垂直に縛るか束ねて横方向に誘引

通常栽培では、ツル苗を植えたあとは放任で育てます。

しかし植物ホルモンを高度に活性化させるには、右の写真の通りに支柱を立てて、すべてのツルを縛りながら垂直方向に誘引するのがベストです。放任でツルを伸ばす場合よりも収穫量がアップし、品質のいいイモが採れるようになります。

狭い市民農園でサツマイモづくりをあきらめていた人でも、支柱栽培なら楽しめるでしょう。

ですが、畑に頻繁には通えず誘引作業が難しい人には、下のイラストのように、親ヅルや子ヅルを束ねて一方向に地面を這わせるやり方がおすすめです。

これは、スイカ（50ページ参照）と同じスタイルです。スイカ、サツマイモ、カボチャなど、ツルを長く伸ばす野菜に有効な仕立て方で、植物ホルモンの生成量が増えて生育がよくなります。

子ヅルが親ヅルとは別方向に広がって育つと、親ヅルの勢いや株全体の勢いが弱まることがわかっています。これは野菜にも果樹にも当てはまる植物に共通する原理です。すべてのツルを沿わせて同方向に伸ばすことが重要で、真上から見ると支柱に縛った垂直仕立てと同じ姿に見えます。

サツマイモを横方向に誘引して栽培する場合でも、ツル苗の定植は通常のやり方と変わりません。そして、ツルが生長して子ヅルが出てきたら、麻ヒモなどでまとめて縛って一方向に這わせます。

やがて、地面に接しているツルから「不定根」が伸び出します。お盆の頃に束ねたツルを少し持ち上げ、バリバリと不定根を断ち切ります。これが、いわゆる「ツル返し」作業になります。

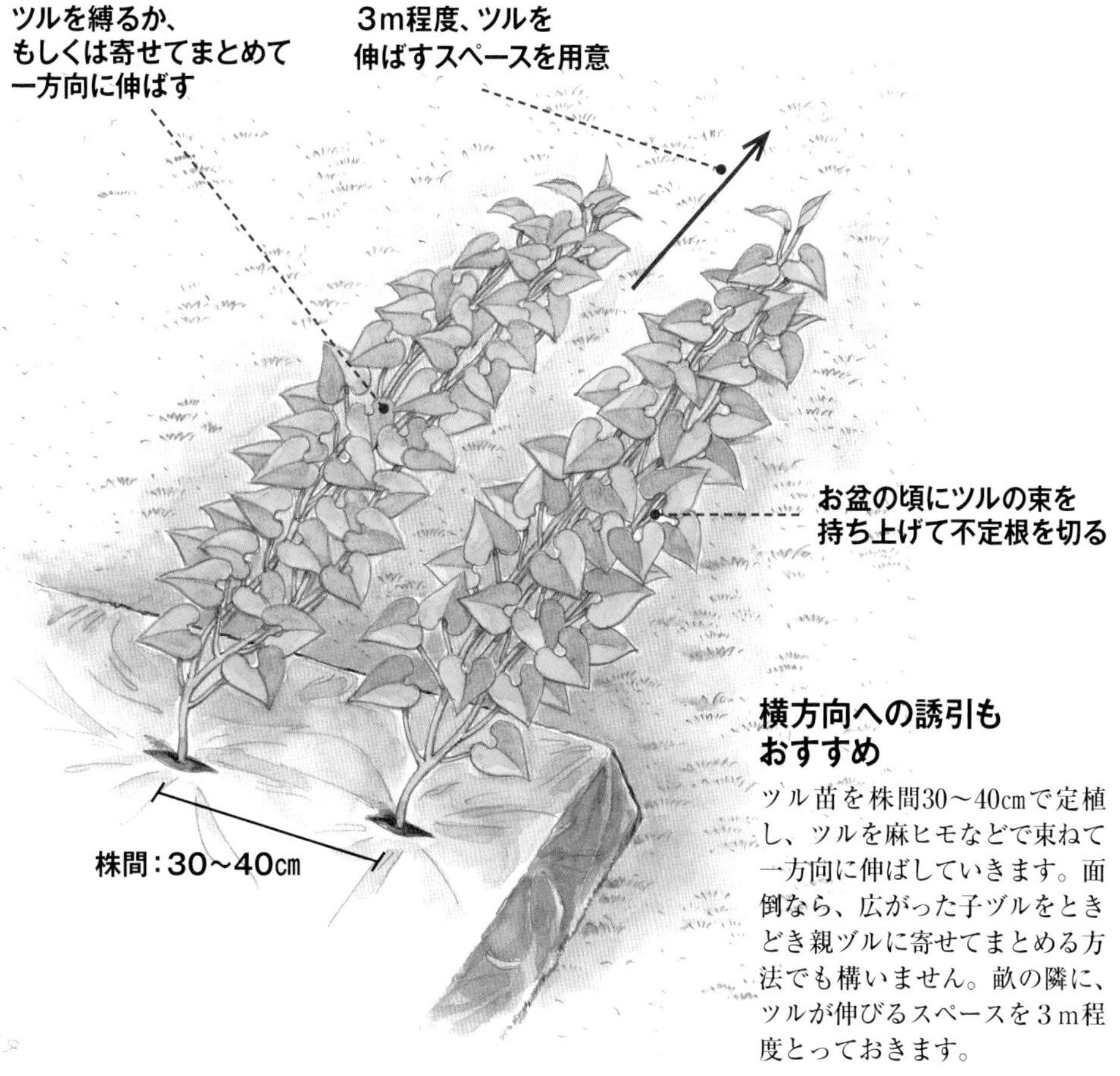

### 横方向への誘引もおすすめ

ツル苗を株間30～40㎝で定植し、ツルを麻ヒモなどで束ねて一方向に伸ばしていきます。面倒なら、広がった子ヅルをときどき親ヅルに寄せてまとめる方法でも構いません。畝の隣に、ツルが伸びるスペースを3ｍ程度とっておきます。

## ①土づくり

### 堆肥や肥料を施さず土を耕すだけでいい

サツマイモは、水はけがいいカラッとした砂地のような畑を好みます。

水はけが悪い畑では高さ20㎝程度の畝にして水はけをよくしておきます。水はけがよければ畝はフラットで構いません。

また、畝にマルチを張ると活着がよく、その後の生育も順調です。雑草も生えません。

垂直仕立て栽培では、堆肥や肥料を使いません。畝の準備は、深さ20㎝くらいまで土を粗く耕すだけで十分です。

肥料を入れた畑では、雨が降って肥料が効き出し、ジベレリン量が増加してツルが一気に繁茂し、イモが太らなくなります。肥料持ちがいい粘土質の畑ではとくにツルボケに注意してください。

植えつけの1週間以上前に畝を用意し、畝に黒マルチを張って土を温めておきます。畝の幅は約60㎝で、畝のセンターに株間30㎝でツル苗を定植します（縦挿しの場合）。なお、斜め挿しの場合は地中にできるイモの数が多いので、株間は40㎝程度に広げます。

## ②ツル苗を挿す

### 5月下旬～6月上旬にツル苗を挿し木する

サツマイモは、ツル苗を挿し木にして植えます。

ホームセンターなどでは、ツル苗の販売が早い時期から始まりますが、サツマイモは高温性植物で寒さに弱いため、植え急がないこと。植えつけ適期は中間地の場合は5月下旬～6月上旬です。マルチを張ってから約1週間後にツル苗を植えるといいでしょう。土がほどよく温まって活着がよくなります。

長いツル苗は斜め挿しにして3～4節を土に埋め、短いツル苗は縦挿しにして2～3節を埋める方法が一般的です。どちらでも構いませんが、短めのツル苗を縦挿しする方法がおすすめです。伸びたツルを上方に素直に誘引することができます。

1 支柱で植え穴を垂直にあけます。2 ツル苗を植え穴に挿し込み、2～3節を土に埋めます。3 手で土を押さえ、ツル苗と土を密着させます。4 30㎝間隔で定植します。定植後に苗はしおれますが、1週間もすると新しい芽が伸び出します。斜め挿しの場合は、支柱で斜め約30度の植え穴をあけ、ツル苗を挿し込んで鎮圧します。

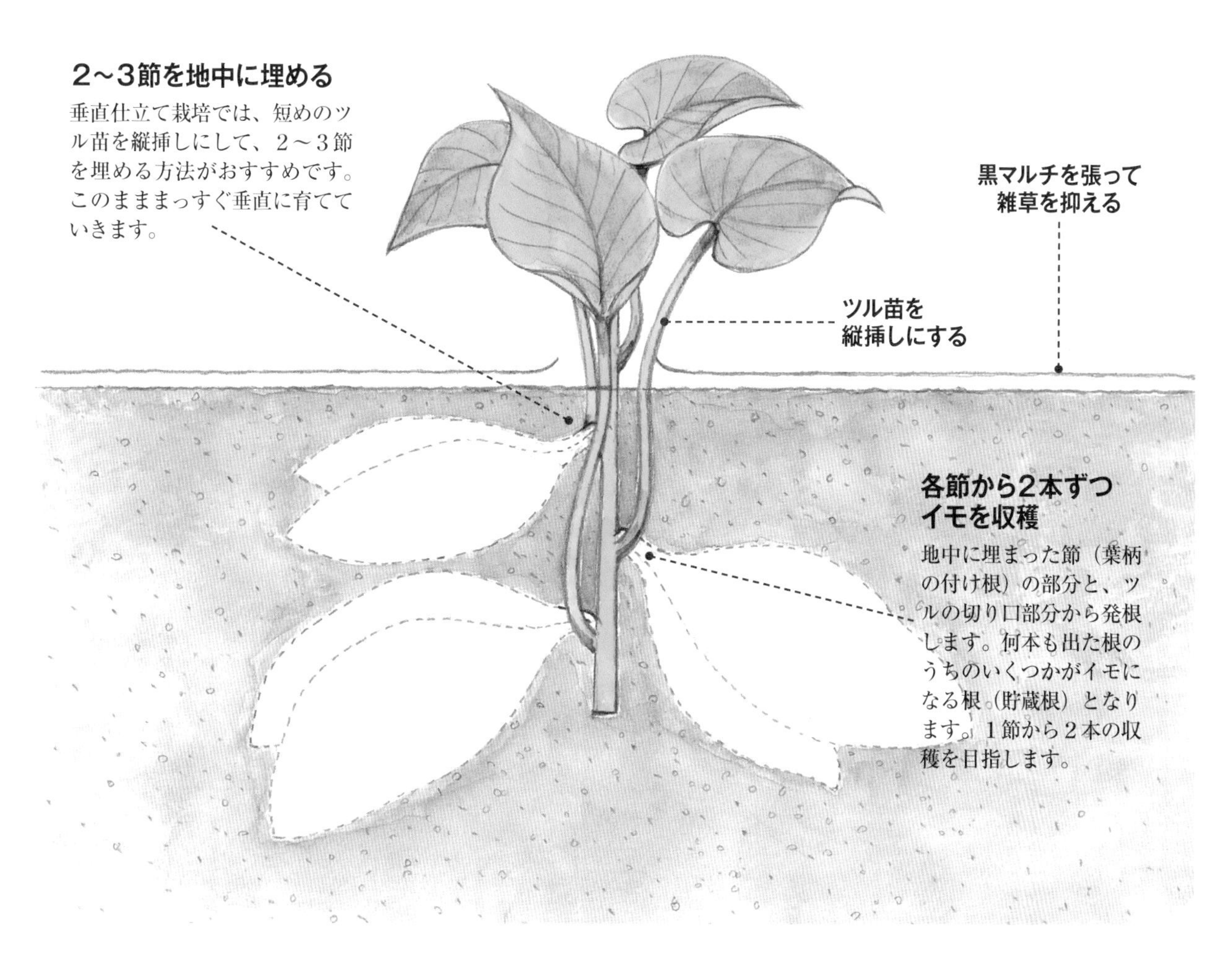


## 貯蔵根の分化や肥大に植物ホルモンが関わる

植物ホルモンは、野菜の体内でつくられる有機物で、微量で野菜の生理や生長過程を決める重要な働きを持っています。

サツマイモの根を観察すると3種類に分かれます。まず、細くて長い吸収根、イモになり損ねたようなゴボウ根、肥大したイモ（貯蔵根）です。これらはみな、もとは同じ根だったものですが、定植後約1か月でイモになる根が決まります。

この分化と、その後のイモの肥大には、オーキシンやサイトカイニンなど細胞分裂や細胞の肥大を進める生長促進タイプの植物ホルモンが関わっています。

また、左の写真を見ると、収穫期が近づいても下葉が枯れだしていません。これはジベレリンの活性が高いことを物語っています。病気や害虫の被害がないのは、エチレンの生成量が十分なためだと考えられます。植物ホルモンがバランスよく活性化すると、サツマイモが本来持つポテンシャルが最大限に引き出され、イモはよく肥大してキメが細かく、糖度も驚くほど高くなります。

生長点で「オーキシン」がつくられ、根の先端に届くと根が増えます。細根の先端では「サイトカイニン」「ジベレリン」などが生成され、地上部に上がっていきます。

# 活着したら誘引スタート

## 支柱をツル苗の西側に挿し垂直方向に誘引スタート

長さ2m程度で太くて丈夫な支柱をツル苗の数だけ用意しておき、ツル苗を定植したら、その脇に支柱を1本ずつ垂直に立てます。

その際、ツル苗の西側に支柱を立てるのがポイントです。サツマイモに限らず、野菜は光合成の大半を午前中に行います。支柱を挿す位置を工夫することで、日の出から十分に日光を利用できるようになります。これは垂直仕立て栽培の基本です。

ツルが生長し始めたら、いよいよ垂直誘引を開始します。麻ヒモでツルを支柱にぴったりと沿わせてくくりましょう。

ツルをくくる作業はその後も続きます。ツルが伸びて垂れそうになるたびに、目安として、生育初期には20cm間隔、中盤からは30～40cm間隔で固定しましょう。親ヅルの途中から出てくる子ヅルもすべてまとめて束ねてください。

サツマイモのツルの伸長に合わせて、麻ヒモでくくりながら上方に誘引していきます。気温の上昇とともに生長スピードが上がり、こまめな誘引作業が必要になります。

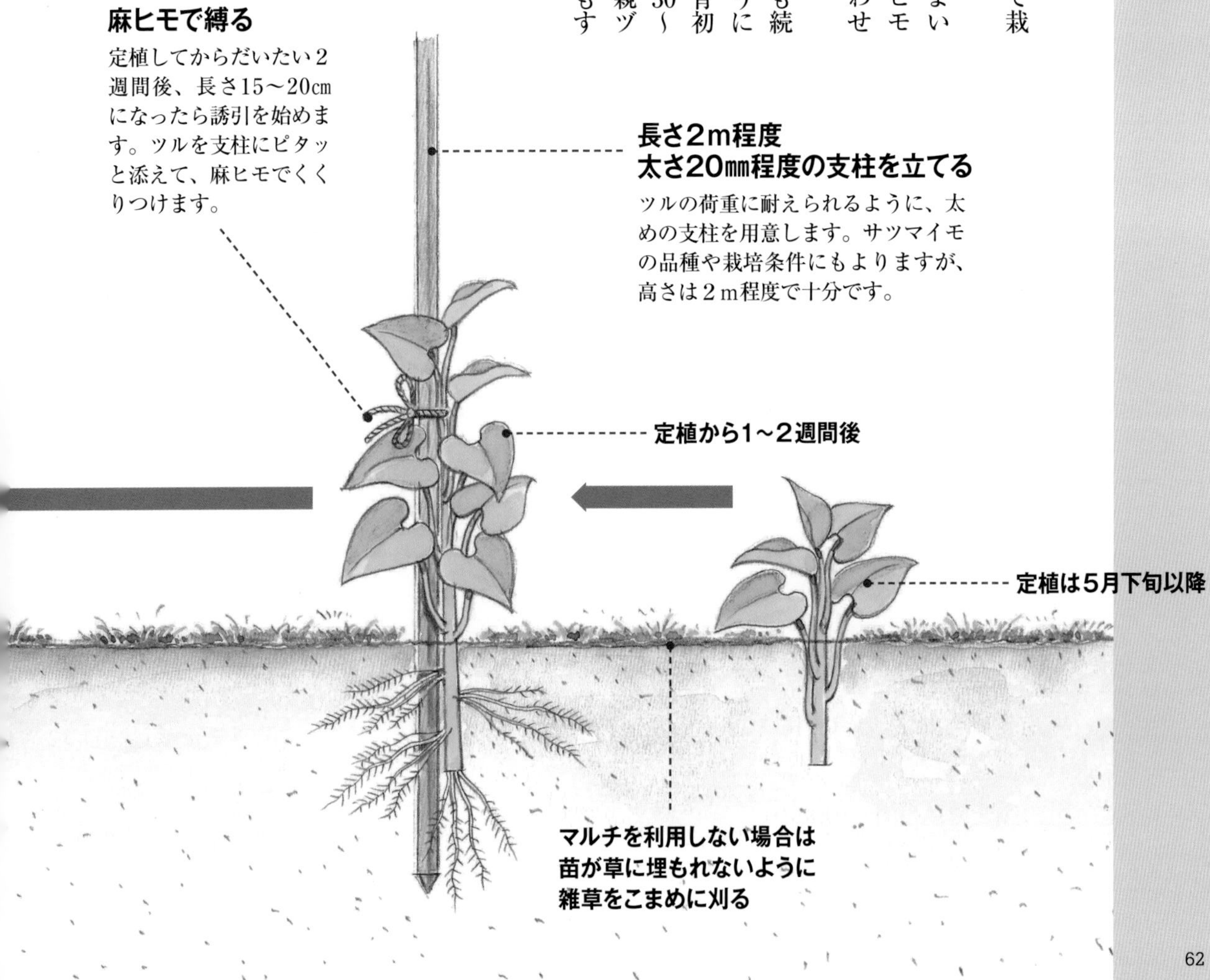

## ❸メンテナンス

### マルチなし栽培の場合は雑草の処理をこまめに

栽培中に行う作業は、ツルの誘引が大半を占めます。ツルが垂れないことを心掛けて世話をしてください。

マルチを利用していない場合は、栽培初期から雑草の処理を行ってください。とくに生育初期には雑草に飲み込まれないよう、草刈りをこまめに行います。なお、刈った草をその場に伏せておくと、雑草抑えになるほか、土の過乾燥を防げるため、サツマイモの生育が促されます。

ツルの先端が支柱の高さを超えたあとは、放任で構いません。そのまま収穫時期を待ちましょう。

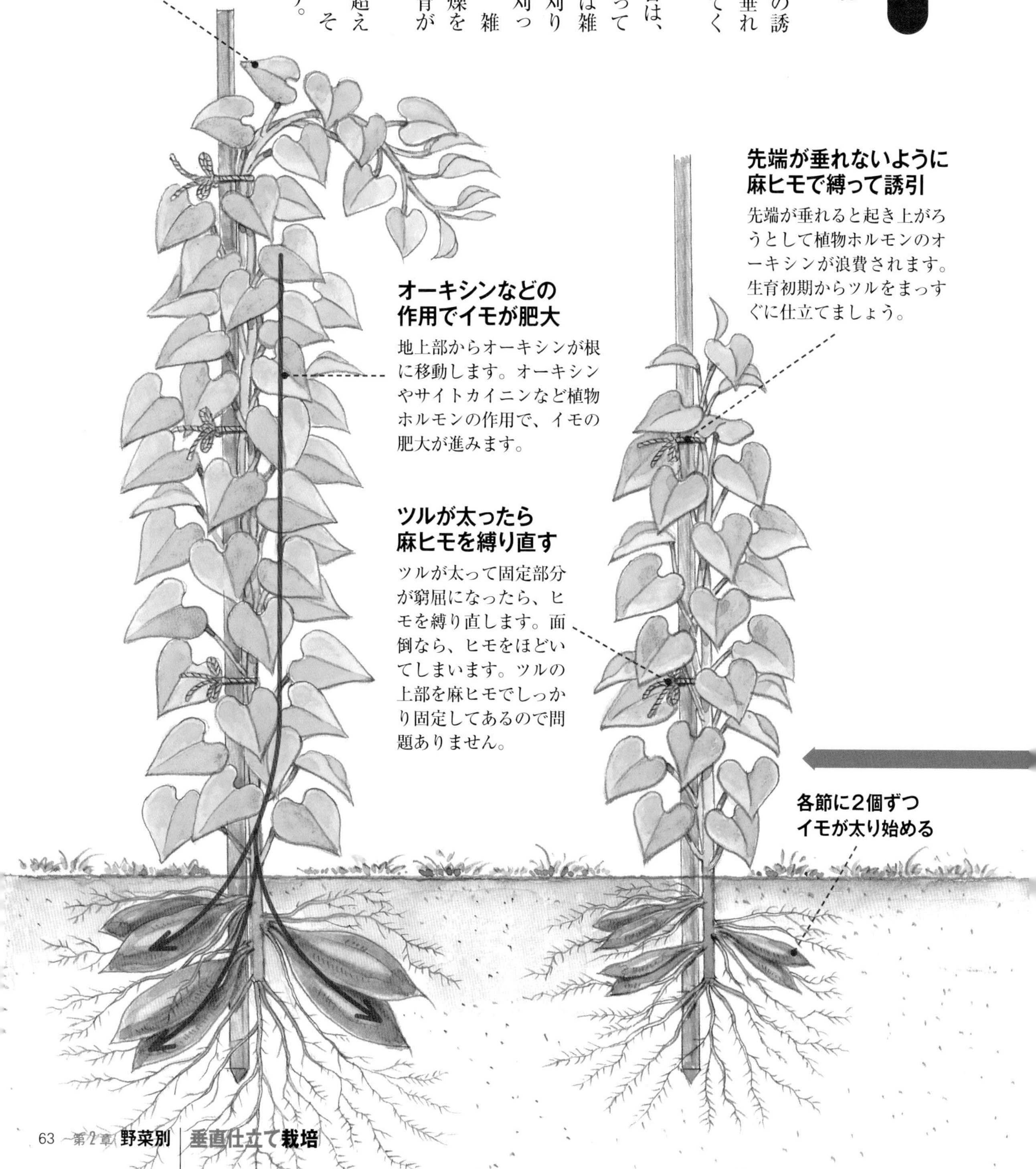

**支柱の高さに届いたらあとは放任**

伸びたツルは収穫まで放任で構いません。垂れたツルからはわき芽が増えます。わき芽の先端でオーキシンが盛んに生成されますから、植物ホルモンの活性は衰えません。

**先端が垂れないように麻ヒモで縛って誘引**

先端が垂れると起き上がろうとして植物ホルモンのオーキシンが浪費されます。生育初期からツルをまっすぐに仕立てましょう。

**オーキシンなどの作用でイモが肥大**

地上部からオーキシンが根に移動します。オーキシンやサイトカイニンなど植物ホルモンの作用で、イモの肥大が進みます。

**ツルが太ったら麻ヒモを縛り直す**

ツルが太って固定部分が窮屈になったら、ヒモを縛り直します。面倒なら、ヒモをほどいてしまいます。ツルの上部を麻ヒモでしっかり固定してあるので問題ありません。

**各節に2個ずつイモが太り始める**

## ❹収穫

### 試し掘りをしてイモの肥大を確認する

収穫のタイミングは、定植日から4か月後が目安。試し掘りをしてイモの太り具合を確認して収穫します。天気のいい日が続いて土が乾き気味のときが収穫日和です。

ツルを地際で切り、地上部と支柱を片付けたらイモを掘り出します。

一度に全株を収穫するのもいいですが、時間を空けて順番に収穫していくのもおすすめです。サイズの異なるイモが採れるため、用途によって使い分けられます。早めに掘った小さなイモは焼き芋に、遅れて掘った大きなイモは切って天ぷらや汁物の具にするなど、いろいろ楽しめます。順番に収穫する場合は、ツルが長く伸びた株から先に収穫します。

定植から4か月、収穫前のサツマイモの様子です（池田千恵美さんが撮影）。草丈は高いもので170㎝程度です。デンプンの転流はまだ続いているので、背の高いものを早掘りし、その後、順番に時間差収穫するのもおすすめです。

上の写真は、収穫直前のサツマイモ畝の様子です。栽培終盤になっても地上部は青々としたままです。

収穫したイモを観察すると、ツルの太さも目立ちますが、イモがツルにつながっている軸部分も太いことがわかります。光合成でつくられたデンプンは、この太いツルや軸を通ってイモにどんどん転流して蓄えられます。おかげでしっかり肥大したおいしいイモになります。

以上の現象は、すべての植物ホルモンが、バランスよく活性化した状態が保たれている結果です。

垂直仕立て栽培のサツマイモは、収穫期にも下葉が枯れません。収穫には頑丈な剪定バサミが必要なほど、ツルも軸もとても太くなります。

**6本のイモが収穫できた**

垂直仕立て栽培で育てた安納芋（紅皮）です。形のいいイモが1株から6本採れました。甘くて舌ざわりのいいイモです。掘って1～2週間置くと、甘さがさらに増します。

# 08 サトイモ

## 食感がなめらかで、おいしいイモが採れる

サトイモ科

サトイモの芽が出て茎が伸び始めたら、２本のヒモで挟む方法で茎を立たせます。これで生育がとてもよくなります。

その後、サトイモが大きく育ったら、畝の周囲に支柱を立ててヒモを張り、茎を支えて育てましょう。オーキシンが無駄に消費されることがなく、植物ホルモンが活性化し、地上部もイモの生長も促されます。イモの肥大が促進されるだけでなく、口当たりがなめらかで味もよく、品質の高いイモを収穫することができます。

葉が通路に広がらないため、通路を歩いても葉にぶつからず、葉が傷つく心配もなくなります。

### ヒモを張って葉を立たせて育てる

５月の連休頃、無肥料の畝に約40㎝間隔でサトイモの種イモを埋めます。覆土は7～8㎝くらいが適当です。

茎が広がらないよう、畝の周囲にヒモを張っておきます。生育がよくなり、病害虫にも強くなります。

５月の連休頃に種イモを植えると、収穫は11月初旬になります。垂直仕立て栽培を行うと収量も多くなります。

### ■サトイモの栽培スケジュール（中間地）

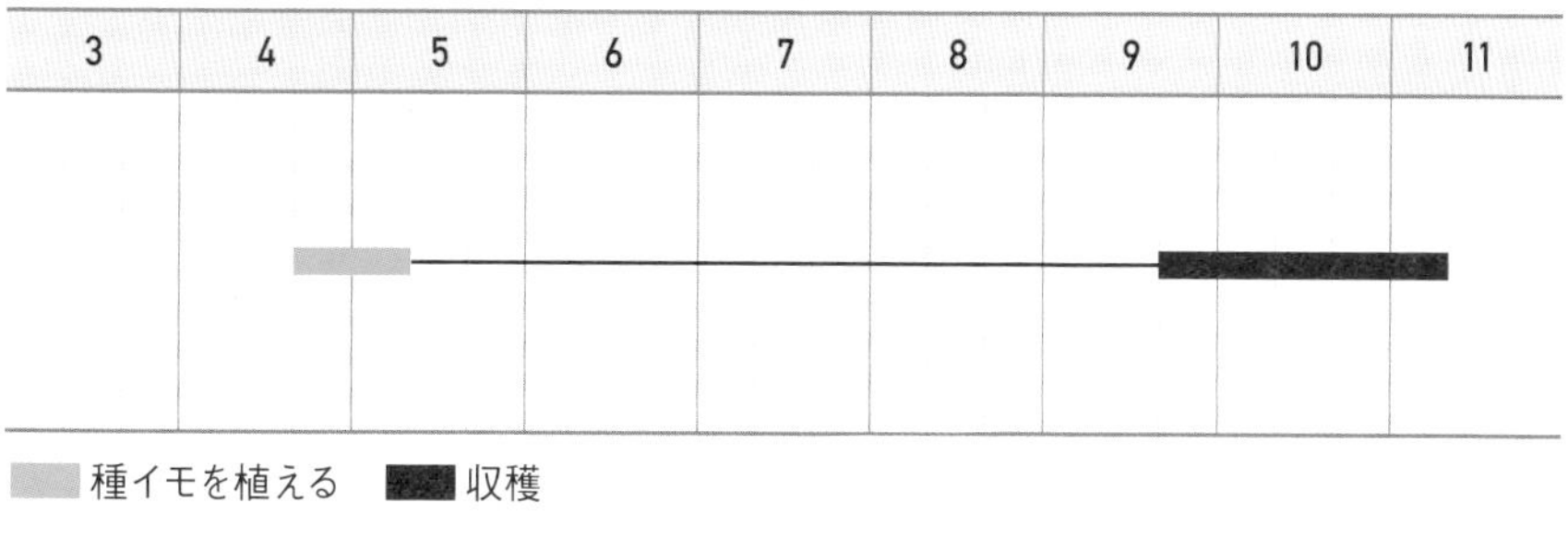

| 3 | 4 | 5 | 6 | 7 | 8 | 9 | 10 | 11 |
|---|---|---|---|---|---|---|---|---|

種イモを植える　収穫

# 09 ハクサイ

アブラナ科

## しっかり結球、おいしくなって虫もつきにくい

## 通常栽培との違い

### 葉を立たせるとしっかり結球する

ハクサイは、葉が巻くと内部の葉が軟白化するため、とてもおいしくなります。うまく結球してずっしりと重量感のあるハクサイができたときのよろこびは、ひとしおです。

ハクサイは生長するにつれ、葉の数をどんどん増やします。葉は大きくなって厚みを増し、内側に向かって屈曲して、やがてぎっしりと葉が詰まった大きな玉になります。この生長過程にはすべて、植物ホルモンが関わっています。

垂直仕立て栽培では、すべての植物ホルモンが活性化するために「よりしっかり結球」します。

ハクサイの葉を寝かせたままにせず、垂直方向に立てて育てるのがポイントです。

家庭菜園で10～20株をつくるなら、2本の麻ヒモを張ってハクサイを挟んで葉を立てる方法がおすすめです(70ページ参照)。

3～4株だけをつくるなら、1株ずつを麻ヒモで縛って立てる方法でもいいでしょう。

### 寄せ植えにして葉を立たせる方法もある

以前、何千株も育てるハクサイ農家さんから「ヒモを張る手間はかけられない」と言われたことがありました。そこで、株間35㎝の寄せ植えを提案したところ（その代わり、条間はゆったりとります）、

■ハクサイの栽培スケジュール（中間地）

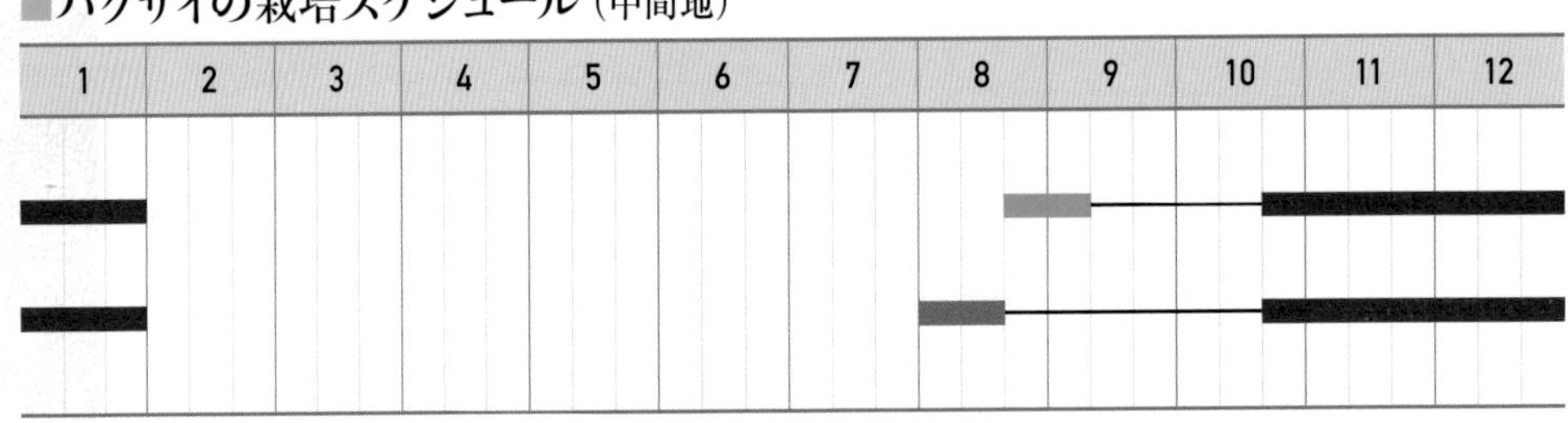

ハクサイの葉が寄り合って立ち気味になり、おかげで好結果を得ました。こんな葉の立たせ方も有効です。

やり方はいろいろ。とにかく葉を立たせて育てると、ハクサイは大きく育ち、味もよくなります。

また、ハクサイは通常栽培では虫がつきやすいものですが、葉を立たせて育てると病虫害が出にくくなるのも大きなメリットです。

肥料食いといわれるハクサイですが、垂直仕立て栽培では、堆肥や肥料を与えずに育てます。これは必ず守ってください。

ハクサイを寄せ植えして、葉を立たせている例です。虫食いが気にならず病気も出ていません。この畝の隣で通常の株間でハクサイを育てた比較実験の様子を72ページで紹介します。

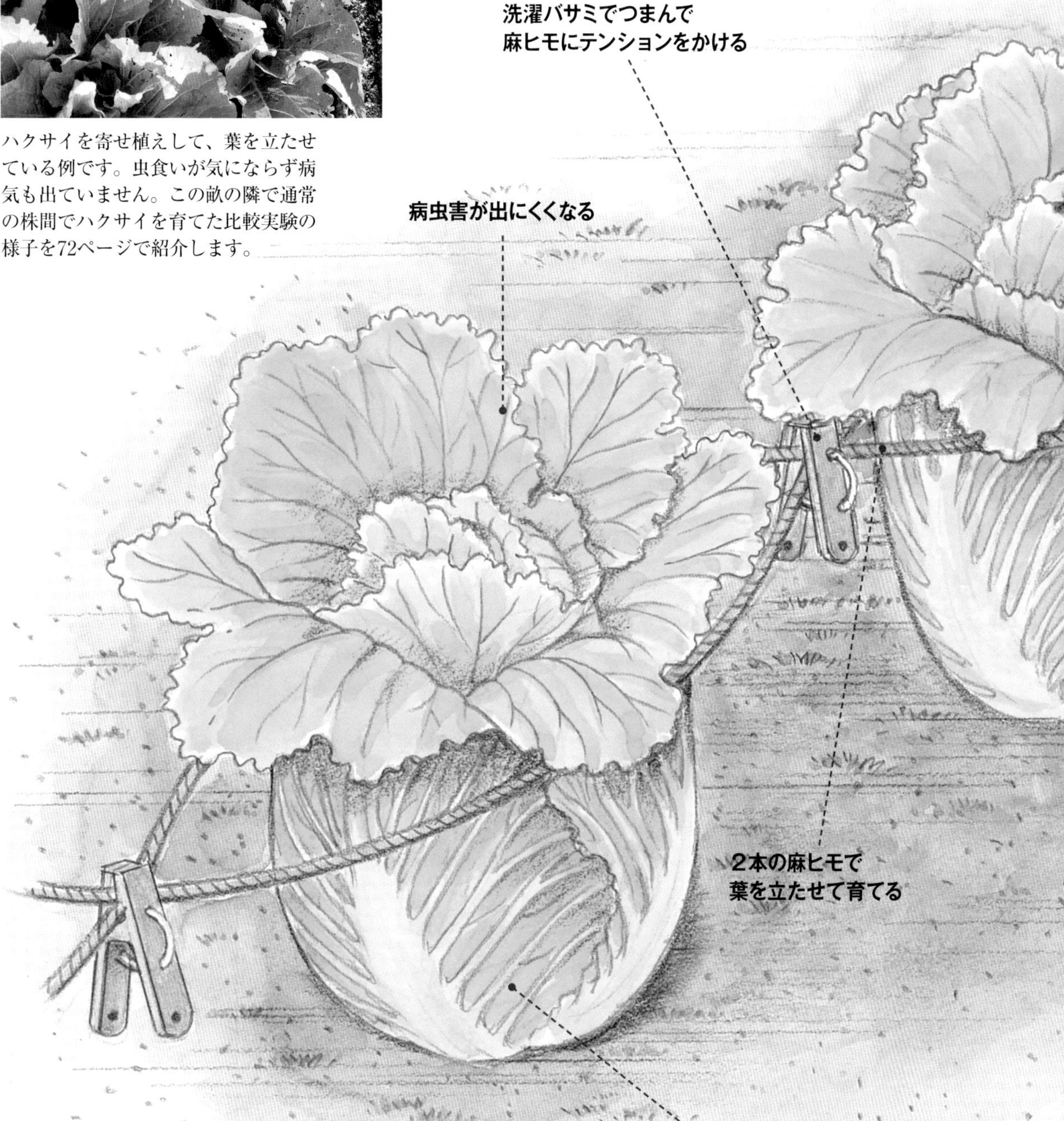

## ① 土づくり

### 堆肥や肥料は不要 マルチ栽培がおすすめ

植えつけ前までに畝を用意しておきます。

水はけのいい畑なら畝は高さのない平畝、水はけの悪い粘土質の畑などではやや高めの畝をつくって排水性をよくしておきます。畝には黒マルチを張っておくのがおすすめです。ハクサイの生長が促され、雑草も生えません。

垂直仕立て栽培では、堆肥や肥料を施す必要はありません。ハクサイ栽培でも、いつもの通りに土を耕して畝の形を整えるだけです。

肥料を施すといいことはありません。ハクサイが窒素を余計に吸収すると、ジベレリンの生成量が増えて葉が異常生長し、結球しないことがあります。また、エチレンの生成量が減り病虫害が出るのも問題です。

1 土を耕して平らにならしておきます。ハクサイを1列植えるなら幅約60㎝の畝を用意します。２列植えるなら幅約90㎝の畝をつくります。2 畝に黒マルチを張っておくと、ハクサイの生育がよくなります。

## ② 苗を植える

### 株間は35～40㎝で 直まきがおすすめ

中間地の場合、ハクサイのタネまき適期は8月上旬～中旬です。苗を購入して植える場合は、9月上旬までに定植します。

株間を35～40㎝程度とって1列に植えます。通常の株間の8割くらいの狭さで植えられます。

直まきでも苗植えでもどちらでも構いませんが、おすすめは直まき栽培で、樹勢が強く、病気や害虫に負けずに元気に育ちます。ハクサイに限らずこれはどの野菜にもいえることです。

直まきする場合は、1か所にタネを3粒ずつまいて、本葉2枚程度で間引いて1本立ちにします。タネまき適期に畝が空いてない場合には、苗を利用しましょう。

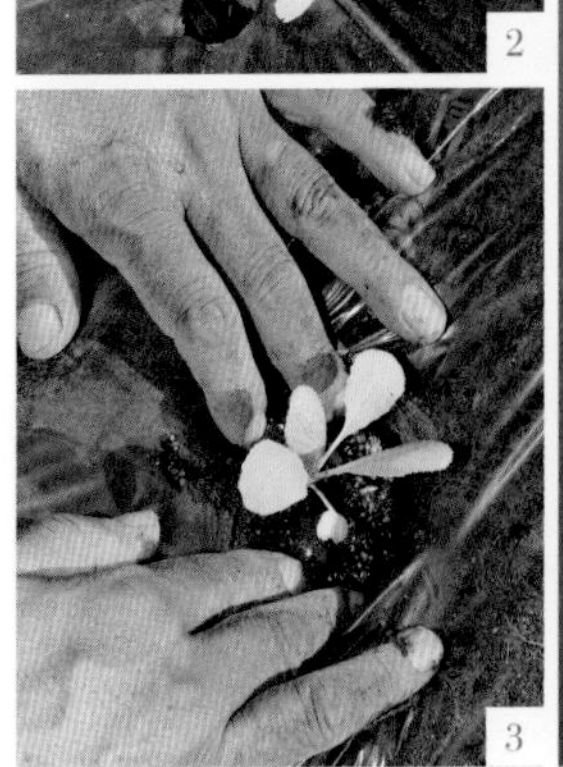

1 株間35～40㎝でマルチフィルムに穴をあけます。2 本葉３～４枚の苗を植えます。植える２～３時間前に根鉢に水をたっぷり与えておきましょう。3 植え穴に根鉢を入れ、隙間ができないように土を寄せます。植えつけ後の水やりは不要です。植えたらすぐに寒冷紗をトンネル掛けして、暑さと害虫から幼苗を守りましょう。

ポイント①

# 葉を立てて初期生育をよくする

## 短く切ったパイプカバーで葉を立てるアイデア

草丈が約10cmに育ったら葉を立たせます。植物ホルモンを活性化させ、スタートダッシュをよくすることが肝心で、これで根をしっかりと張らせることができます。

70ページで紹介するように麻ヒモを張って葉を立たせるほかに、下のイラストのような立たせ方もおすすめです。配管用保温パイプカバーを利用して葉を立たせる方法です。

パイプカバーを切って垂直仕立ての補助具を手づくり。神奈川県の仲吉京子さんの畑で撮影。

## 草丈約10cmに育ったら葉を立たせる

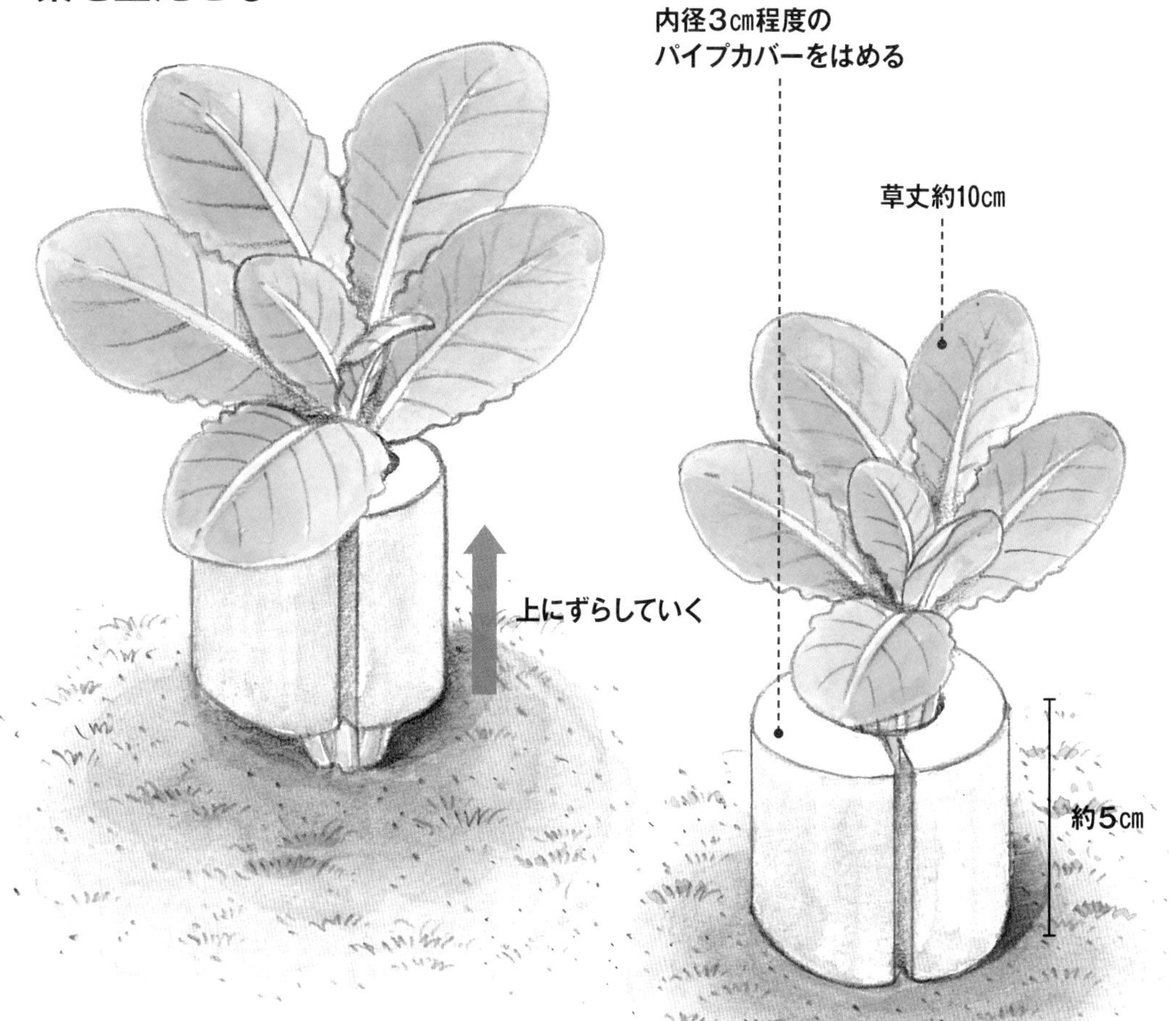


### ① 配管用保温パイプカバーを株にはめる

内径3cm程度の配管用保温パイプカバーを長さ5cmに切り、ハクサイの苗にはめて葉を立たせます。パイプカバーは発泡ウレタン製でとても軽量。ホームセンターで長さ1mあたり300円程度で購入できます。

### ② 生長に合わせてパイプカバーを上にずらす

草丈が伸びたらパイプカバーを上にずらし、葉が横に広がらないように育てます。草丈が15〜20cmになると、窮屈になってくるので、パイプカバーをはずして、麻ヒモを利用して葉を立たせます（70ページ参照）。

ポイント②

# 2本の麻ヒモでハクサイを挟んで葉を立たせる

## パイプカバーが窮屈になったら2本の麻ヒモに変更

畝の両端に支柱を立て、平行に2本の麻ヒモを一直線に張って、ハクサイの葉を挟んで立ち姿にします。畝が長い場合は、途中に適宜支柱を立てるといいでしょう。

株と株の中間部分で麻ヒモを洗濯バサミでつまむと、葉をうまく立たせることができます。ハクサイの生長に合わせて麻ヒモを上にずらしていきましょう。

以前は1株ごとに麻ヒモをクロスさせて8の字を描くようにして挟んでいましたが、一直線に張って洗濯バサミを利用した方が簡単に作業できます。

ハクサイが肥大し始めたら、締めつけすぎないよう、麻ヒモを少し緩めて加減してください。

### ① 麻ヒモを張って株を立てる

オーキシン

サイトカイニン
ジベレリン
エチレン

根量が増える

### ② 生長に合わせてヒモを上にずらしていく

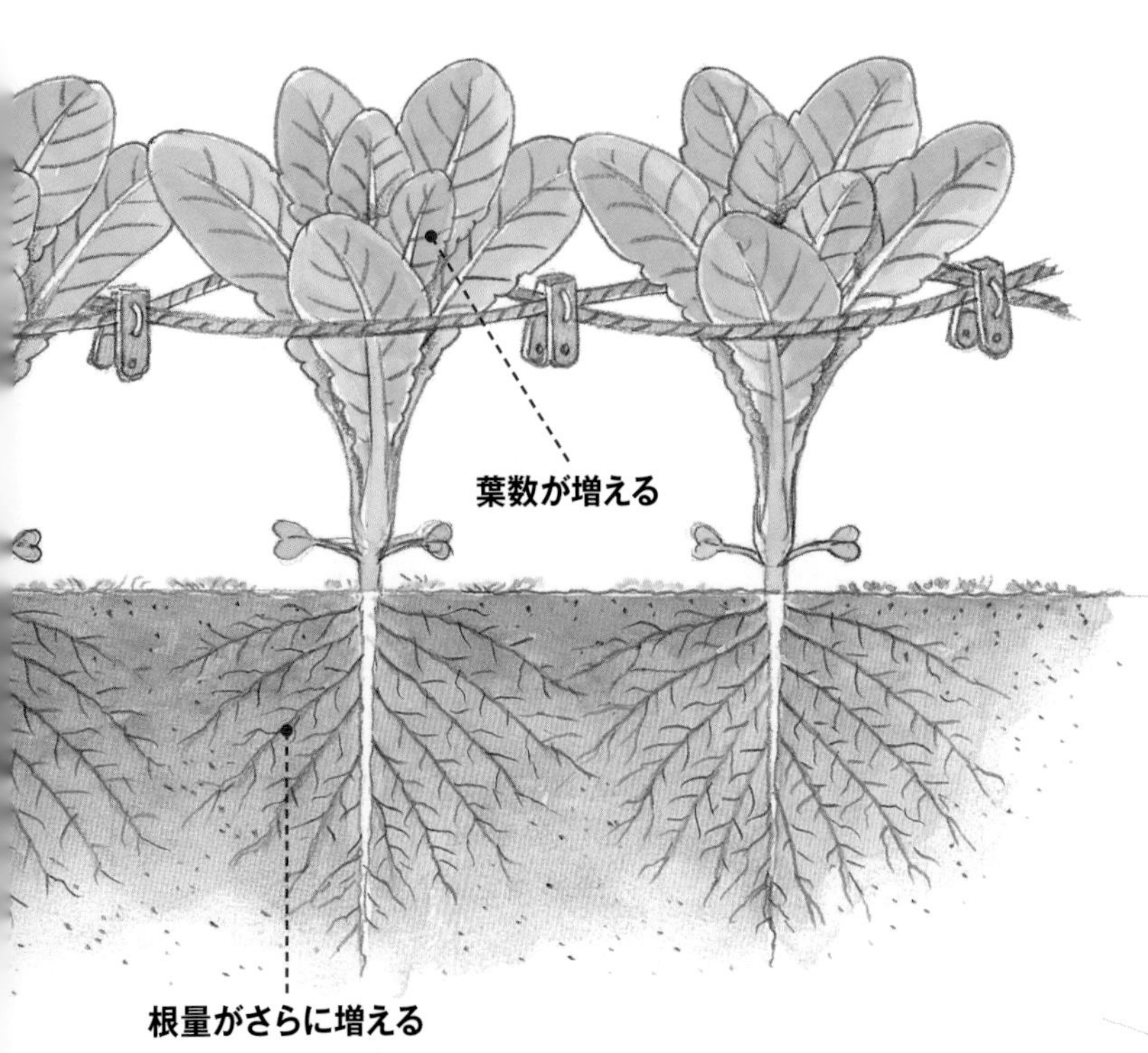

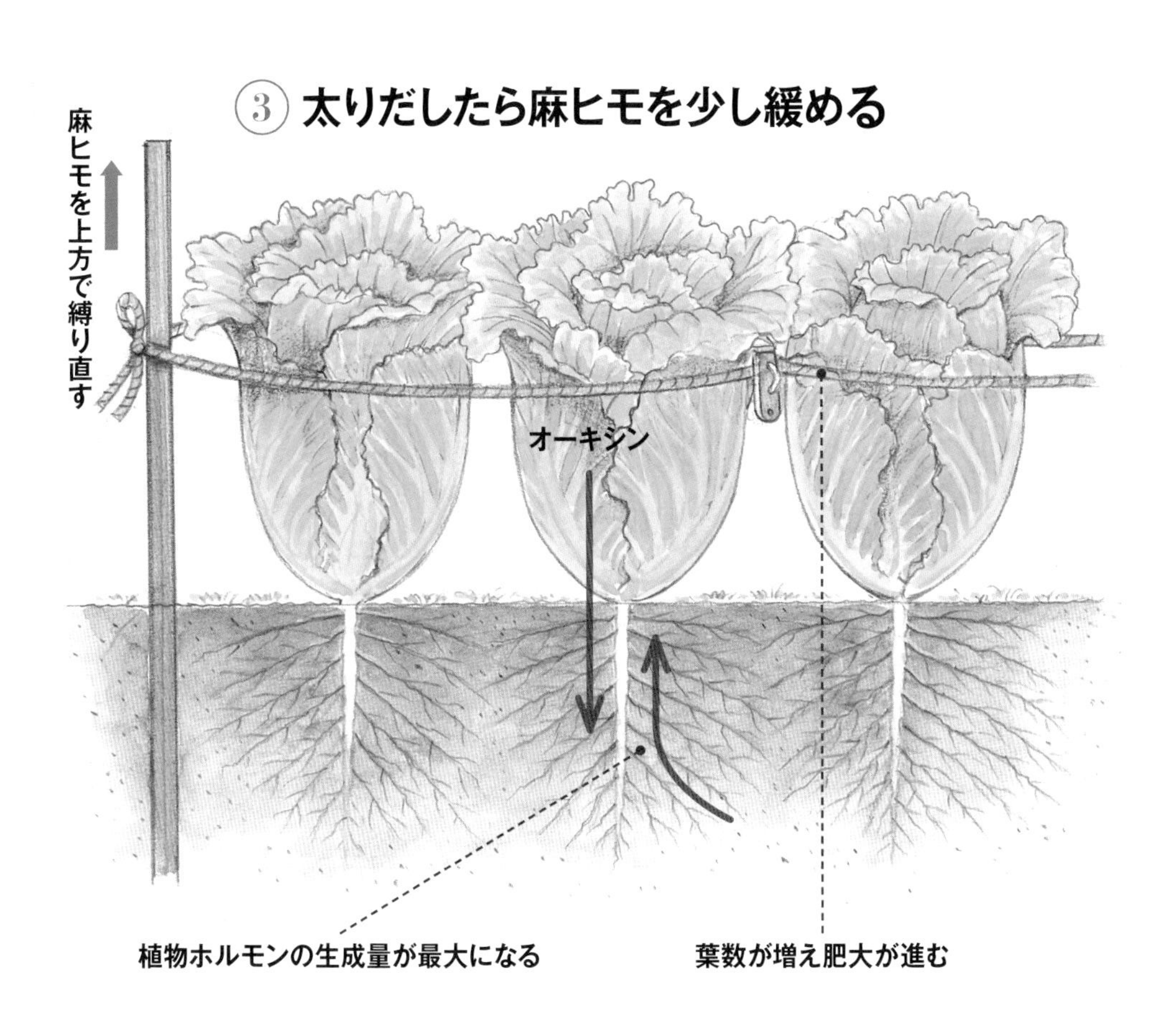

## ③収穫
### 頭を手で押して弾力を感じたら採り頃

葉を立たせていることで、すべての植物ホルモンがバランスよく活性化し、そのおかげで順調に葉数が増えて、結球に至ります。しっかりと肥大し、葉がぎっしりと詰まったハクサイを収穫することができます。害虫がほとんどつかず、病気とも無縁なのは、垂直仕立て栽培の大きな特徴です。

収穫のタイミングは、玉を押して判断します。弾力を感じたら葉がしっかりと詰まった証拠です。麻ヒモをずらして、包丁で地際をカットして収穫します。

食べる分だけ順次収穫し、畑に残したハクサイは、麻ヒモで挟み直しておきましょう。玉の内部が霜傷みするのを防げます。

ずっしりと大きく、甘くてみずみずしいハクサイが育ちます。外葉を何枚か倒して、きれいな玉の部分を収穫します。地際の茎部分に包丁を入れて切り離します。

## 植物ホルモンが葉数を増やし細胞を肥大させる

生育初期から葉を立たせて育てるのは、まず、根の発達を最優先させるのが狙いです。

それには発根を促す植物ホルモンである、オーキシンの活性化がポイントになります。

横になった葉や茎は立ち上がろうとしますが、その際にオーキシンが使われます。パイプカバーや麻ヒモを使って葉を強制的に立たせることで、オーキシンの浪費が抑えられるため、根量を増やすことが可能になるのです。

細根の先端では、細胞分裂や細胞の肥大に関わる、サイトカイニン、ジベレリン、エチレンなどの植物ホルモンが各種盛んに生成されます。

すべての植物ホルモンがバランスよく活性化するため、葉数が猛烈なスピードで増え、葉が広く厚くなり、ハクサイは結球していきます。

66ページで紹介した農家さんによる、ハクサイの比較栽培です。株間50cmで植え、葉を立てずに育てています。虫食いが目立ち、結球も遅れ気味です。

こちらは、ハクサイ同士がぶつかって葉が立ち気味になるよう、株間35cmで育てているハクサイです。虫食いが明らかに少なく、結球も始まりかけています。

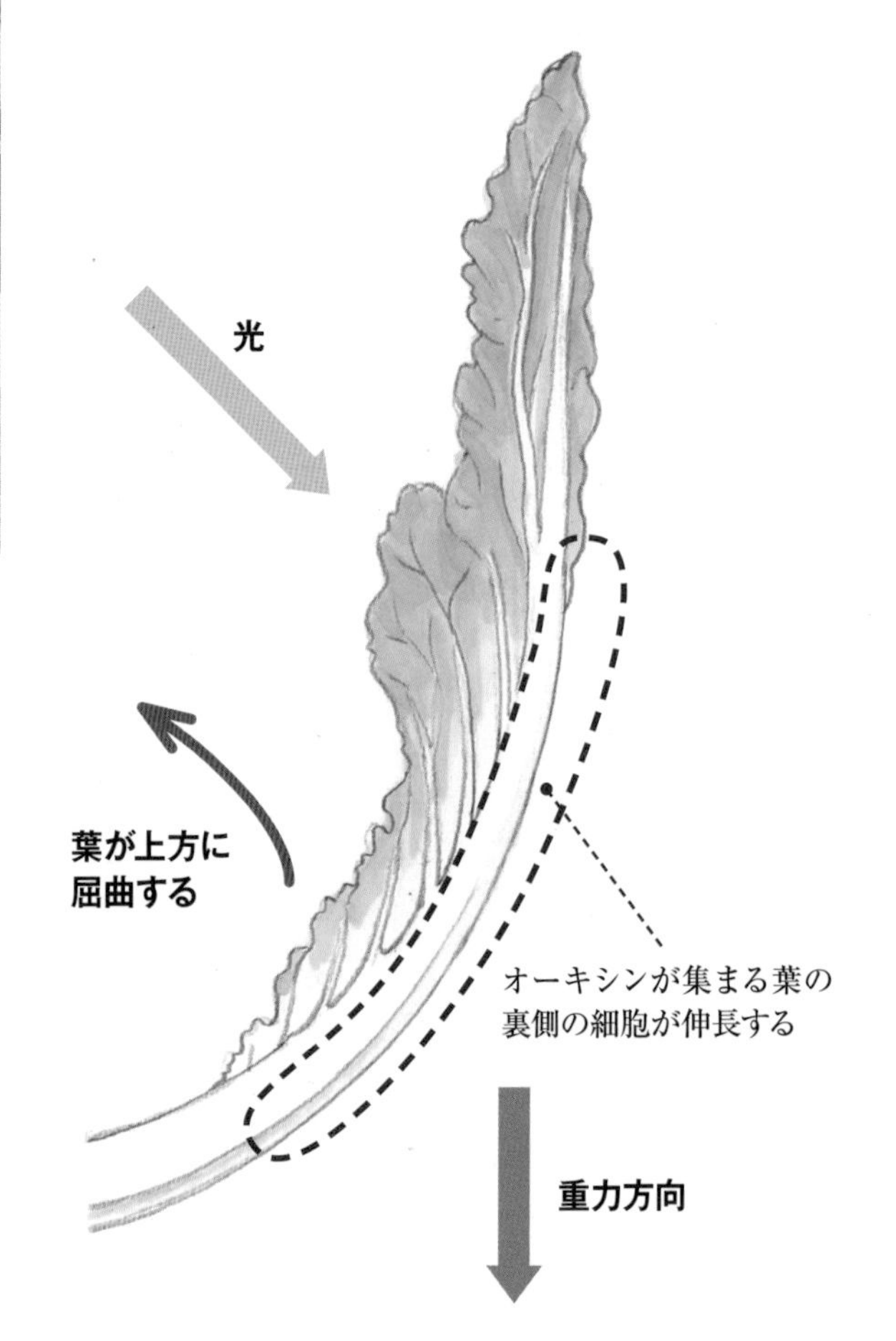


### 葉が曲がる仕組み

オーキシンには、光が当たる反対側に移動する性質や、重力方向に移動する性質があります。オーキシン濃度が高くなる葉裏の細胞が伸長するため、葉が内側に屈曲して結球していきます。

## Q ハクサイの葉を縛っても光合成は十分にできますか？

## A 大丈夫です。光量は足りています。

ハクサイの光飽和点は、約4万ルクスといわれています。4万ルクスとは、やや明るめの曇り空の光量にあたります。強い光を得ても、ハクサイの光合成速度は、もうそれ以上には上がらないということですね。

ハクサイはそれほど強い光を必要としない植物ですから、心配しなくて大丈夫です。生育初期からしっかりと葉を立てて育ててみてください。

## Q ハクサイは肥料食いといわれますが、無施肥でも大きく育ちますか？

## A 問題ありません。植物ホルモンが活性化していればハクサイは健全に生長します。

ハクサイに限らず、どんな野菜でもオーキシンをはじめとした植物ホルモンがバランスよく活性化した状態なら、野菜は本来の生育を示してくれます。

肥料を与えなくても、大きく育ちますし、味のいいハクサイになります。

むしろ、肥料を与えると植物ホルモンのバランスが崩れて、野菜は異常生長に走り、病虫害も出やすくなって、育てるのに苦労します。

植物の生長にとって大事なものは、水と空気です。肥料ではありません。垂直仕立て栽培を試してみると、このことを実感できると思います。

## Q 葉が混み合うので、病気や害虫が出ないか心配です。

## A 心配無用です。エチレン効果で病虫害は出にくくなります。

植物は細根などでエチレンを生成しています。さらに植物は、エチレンから強い殺菌力を持つ酸化エチレンをつくり出し、病原菌や害虫から身を守っています。

垂直仕立て栽培では、根を大事に育てるためエチレン効果が高く、病害虫に強い野菜が育ちます。右ページの写真の通り、葉を立たせたハクサイにはほとんど病虫害が出ていません。葉が混み合っても問題ありません。

ただ、これまで肥料栽培を行っていた畑では、最初の1～2年は病虫害が出るかもしれません。肥料分が残っているためです。それも次第に収まるでしょう。

**肥料栽培をしてきた畑では防虫ネットを利用すると安心**

1～2年は、防虫ネットのトンネルを利用して害虫対策を施しておけば安心です。水はけのいい畝づくりをして病気も防ぎましょう。

# 10 キャベツ

## 虫がつかない、結球が早まる、味もよくなる

アブラナ科

キャベツを密植気味に育てると葉が自然に立ち上がるため、垂直仕立て栽培の生育促進効果が得られます。葉の色つやがよく健康そのもので、害虫もついていません。私のセミナーに参加している、京都府の山本晋也さんの実践例です。

### 密植して葉が立つと害虫が目立たなくなる

キャベツはハクサイ同様に通常の肥料栽培では、アオムシやアブラムシなどの害虫被害が問題になりますが、垂直仕立て栽培ならその心配はほとんどありません。

上の写真は、京都府の山本晋也さんの畑のキャベツです。株間を狭くして植えたキャベツの葉が押し合って立ち上がり、自然に垂直仕立ての姿になっています。

害虫がついている様子がないことから、地下では発根が盛んで、エチレンの生成量が多いと推察できます。

密植栽培をする場合は、一般的な株間の7割くらいを目安にするといいでしょう。

■キャベツの栽培スケジュール（中間地）

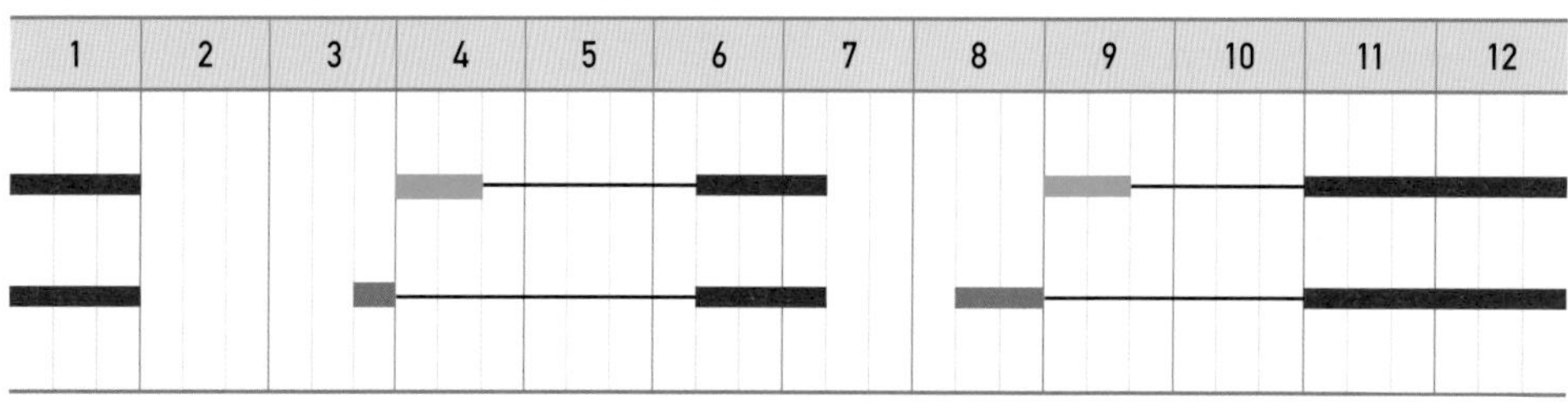

## ①土づくり

### 肥料を入れずに耕し水はけをよくしておく

苗を植える時期は、中間地では9月上旬～中旬です。植えつけ前に夏野菜を片付け、畝の形を整えておきましょう。新規の畑なら土を耕して畝をつくります。

タネを畝に直まきする場合は、8月中旬が適期となるので、それに合わせて畝を用意しておきます。

畝幅は約60cm、水はけの悪い畑なら高さを15cm程度にして、水はけを改善しておきます。

## ②苗を植える

### 株間をやや狭めにして畝間は十分にあける

幅60cmの畝に、株間約35～40cmで1列に苗を植えます。2列植えたいなら幅80～90cmの畝に株間35～40cmでちどりに植えます。

株間を詰めて植えると、生長するに従い、外葉が立ち気味になって、垂直誘引効果が得られます。根が張るスペースを確保するため、株間を詰めた分、畝間は十分にとる必要があります。通路の幅を約50～60cmとるといいでしょう。密植した上に通路も狭いと、植物ホルモンがバランスよく活性化しません。

## ③葉を立てる

### 生育初期はヒモで葉を挟んで立てる

ハクサイの垂直仕立て栽培と同様に、草丈がある程度高くなったら2本のヒモで挟んで葉を立てて育てます。その後は隣のキャベツ同士が外葉を押し合うので、葉が立ち気味に育ちます。

## ④収穫

### しっかりと結球したら包丁で切り離す

垂直仕立て栽培のキャベツは、生長が早まり、しっかりと結球するのが特徴です。11月中旬～下旬にキャベツの玉を手で押してみて、ぎっしりと葉が詰まっていたら、包丁で茎を切って収穫します。

**通常の株間で栽培**

株間50cmで植え、葉を立てずに育てたキャベツです。右のキャベツと比べて結球が進んでいないことがわかります。虫食い跡も見られます。

**密植して栽培**

株間を狭めて植えたキャベツは、葉が立ち気味になります。結球が早く進み、虫食い跡も見られません。植物ホルモンが活性化しているおかげだと考えられます。

# 11 ブロッコリー

アブラナ科

## 食味のいい頂花蕾が採れ、側花蕾の収量もアップ

### 通常栽培との違い

**終盤まで樹勢が強く花蕾の味もよくなる**

秋冬のブロッコリー栽培では、台風などで株が倒伏するのを防ぐために、支柱を立てて茎を支えて育てる人をよく見かけます。せっかくですから、その支柱に葉を縛って垂直仕立て栽培を試してみてはいかがでしょう。

ブロッコリーの葉を立てて「バンザイ」をした姿にして育てると、

茎を束ねてくくる

ブロッコリーの栽培スケジュール（中間地）

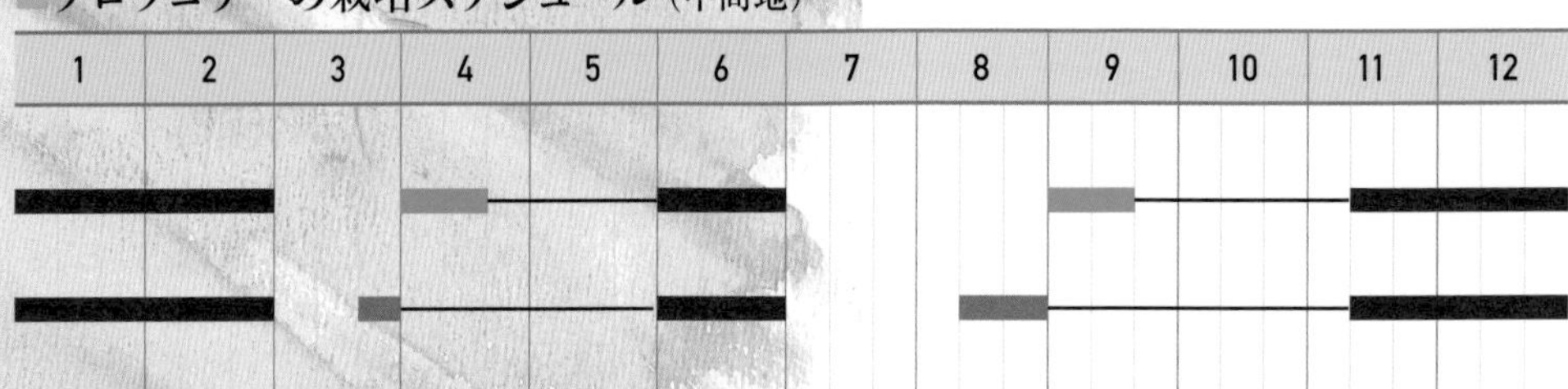

オーキシンの浪費が抑えられるため、根が大変よく発達します。

根の先端ではサイトカイニン（細胞を増やす）、ジベレリン（樹勢を強める、熟期を遅らす）、エチレン（熟期を早める、病虫害を抑える）などが生成され、これらは地上部に移動し、アクセルを踏んだり、ブレーキをかけたり、ブロッコリーの生長過程にさまざまな働きかけをします。

まず、樹勢が強くなり、病害虫に負けずに丈夫に育って、見事な頂花蕾の収穫へとつながります。また、頂花蕾を収穫したあとの側花蕾も、通常栽培で育てた場合よりも収量が確実にアップします。収量増だけでなく、花蕾の食味がよくなるので、垂直仕立て栽培を試してみましょう。

垂直仕立て栽培のブロッコリーは、ジベレリン効果で栽培の終盤になっても樹勢が衰えません。おかげでブロッコリーは元気なままで光合成を行っています。

ジベレリンには熟期を遅らせて野菜の味を悪くする作用もありますが、そのほかの植物ホルモンすべてが活性化しているため（ここが重要です！）、ジベレリンの作用を抑えて、味のいい大きな花蕾を収穫することができるのです。

ちなみに味をよくする植物ホルモンは、働きの強さの順番でいうと、オーキシン、エチレン、サイトカイニンです。

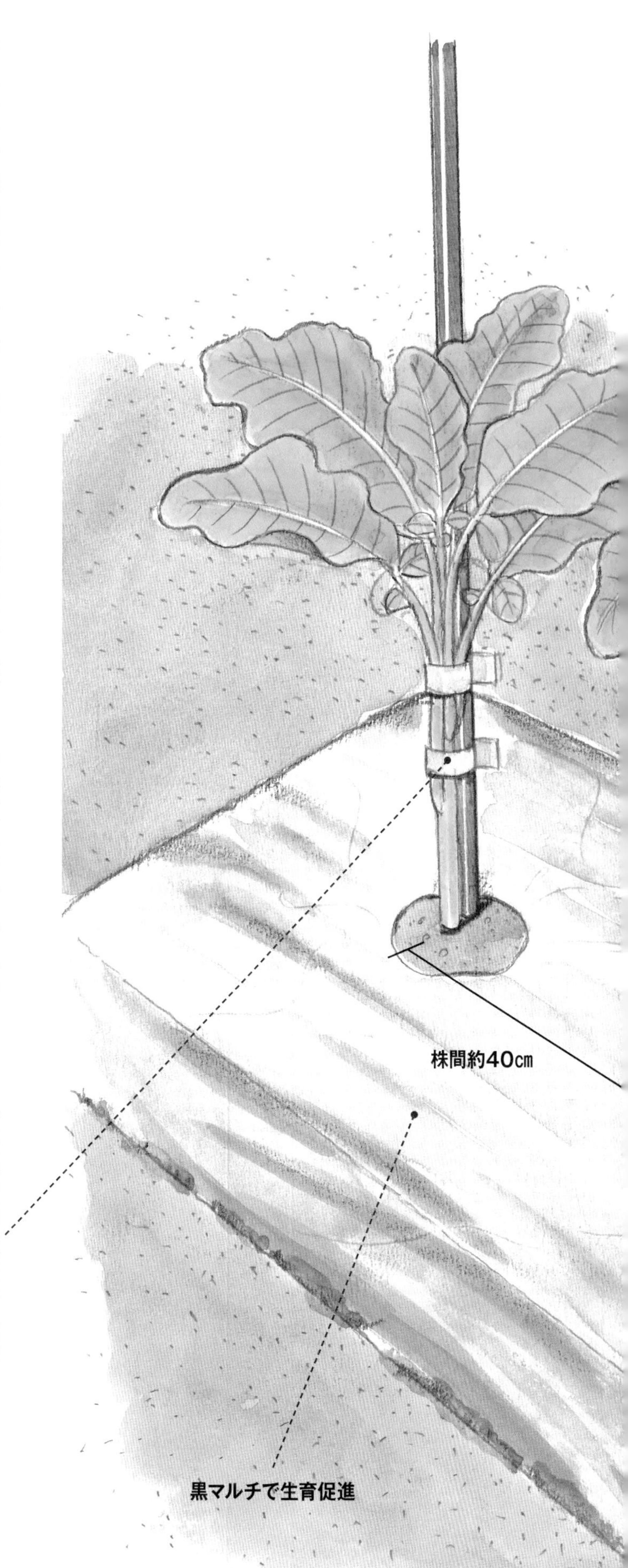


ブロッコリーの垂直仕立て栽培では、園芸用の粘着誘引紙テープを利用すると誘引作業がラクです。やわらかい粘着テープで、野菜にはべたつきません。手で切れて、巻きつければペタッと留まります。ホームセンターで売っています。

## ❶土づくり

### 堆肥や肥料は不要 マルチ栽培がおすすめ

夏野菜を片付けたら土を耕し、幅60cm程度の畝を用意します。水はけが悪い畑では、畝を高めにつくって水はけをよくしておきます。

肥料や堆肥は施しません。垂直仕立て栽培では、無施肥でブロッコリーがしっかりと育ちます。畝に黒マルチを張っておくとブロッコリーの育ちがよくなり、雑草も生えてこず、管理がラクです。

## ❷タネまき

### 株間は通常より狭めで 1か所3粒の点まき

中間地では8月中旬に、ブロッコリーのタネをまきます。株間40cmで1か所にタネを3粒ずつまきましょう。垂直仕立て栽培では葉を立て気味にして育てるため、通常よりも若干狭い株間で植えても大丈夫です。2列に植える場合は、条間を広めにとって根を張るスペースを十分に確保してください。

### 9月に入ってから苗を植えてもいい

1 8月中旬にタネをまく畝が空いていない場合は、9月に入ってから苗を植えます。本葉4枚くらいの苗を購入するか、ポットにタネをまいて育苗しておきます。育苗期間は約30日です。2 根鉢に十分に水を与えて、畝に40cm間隔で植えつけます。

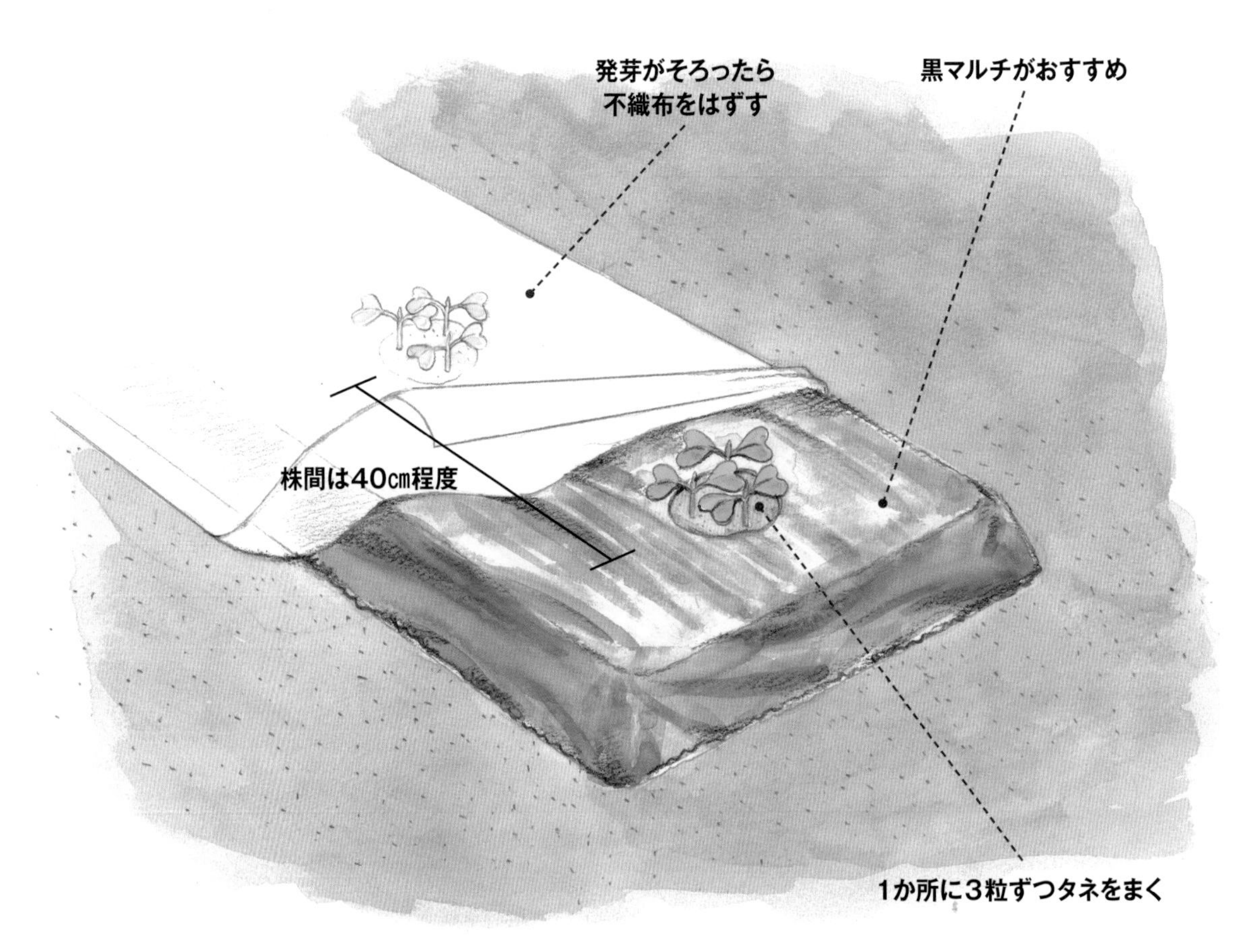

## ③メンテナンス

### 1週間で発芽がそろう ネキリムシ被害に注意

タネをまいたら、不織布をべた掛けしておきます。保湿効果があり、発芽が促されます。

1週間〜10日で発芽がそろったら不織布を撤去します。不織布の代わりに新聞紙をかぶせても同様の効果がありますが、その場合は、ときどき発芽の様子を確認して、芽が出始めたのを確認したらすぐに撤去してください。新聞紙をかぶせたままにしておくと、芽がモヤシのようになってしまいます。

さて、不織布をはずしたらすぐ、防虫トンネルを畝に設置して、苗を害虫の食害から守りましょう。この時期は気温が高いため、害虫の活動が活発です。ブロッコリーの幼苗はネキリムシ、コオロギなどいろいろな害虫に狙われるので、その対策がどうしても必要になります。

草丈15cmになるまで、防虫ネットや寒冷紗など、目の細かい網で畝ごとカバーしておきましょう。

間引きは、よい苗を残すための作業です。2回に分けて行います。1回目は双葉が開いて本葉が出かかったとき。2回目は本葉が3枚出たときです。これで1か所1本立ちにします。

重要

**草丈が15cmになるまでは防虫トンネルを掛けておく**

草丈が15cmに育つまでは、防虫ネット（または寒冷紗）をトンネル掛けしておきます。強い日差しや強い雨、害虫から幼苗を守ってください。

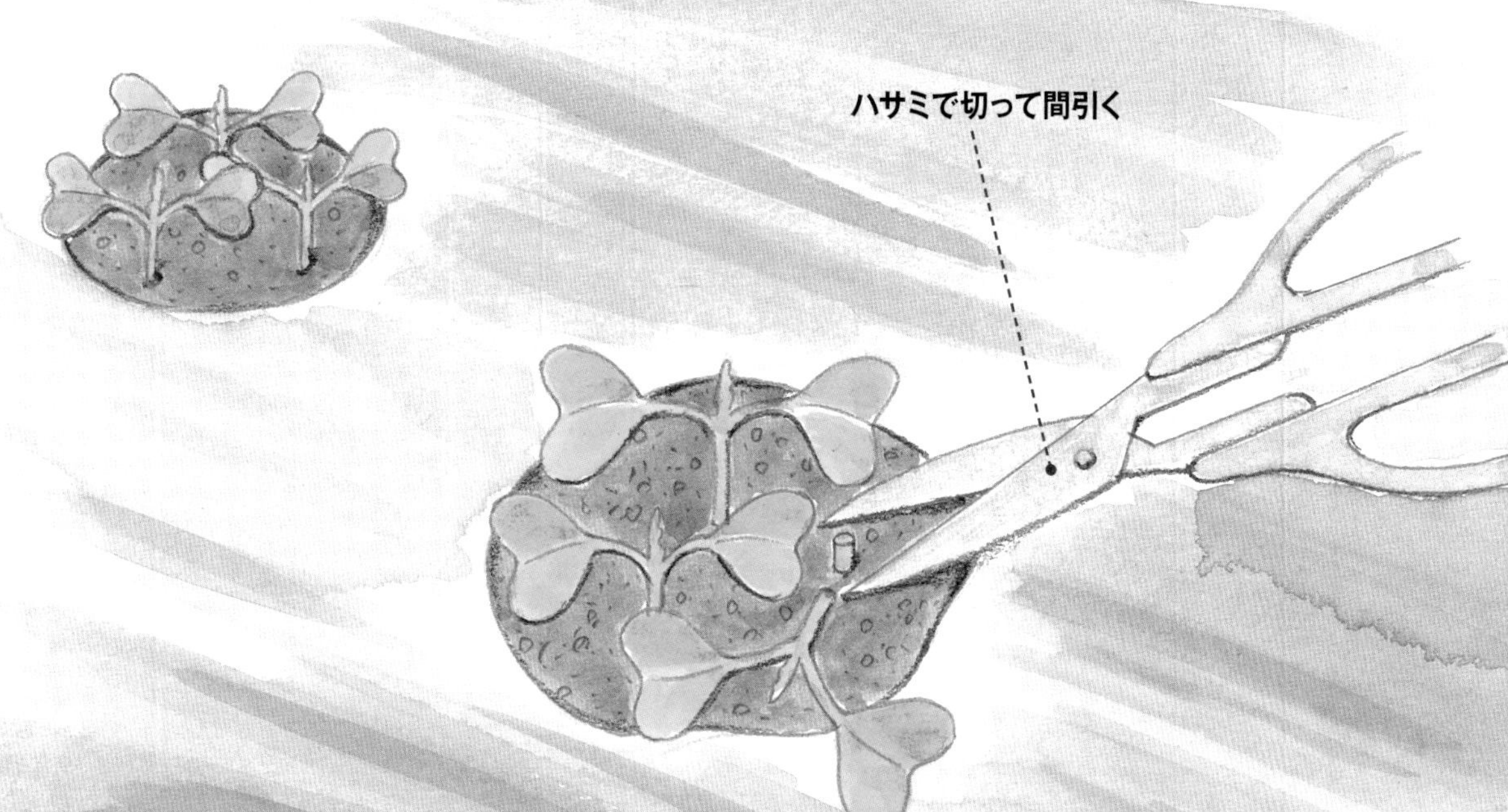


## 間引きのタイミング

**1回目** 子葉が展開したら

茎が太くて、大きな子葉がシンメトリーに開いた苗を、2本を残します。子葉がいびつなもの、背が高く伸びたものは間引く対象です。大きな子葉が、1枚目の本葉を大きく育ててくれます。

**2回目** 本葉3枚で1本立ちにする

本葉が2枚半〜3枚のタイミングで、節間が詰まったガッシリした印象の苗を残して間引きます。葉に虫食い跡のあるものは間引きます。傷口から病原菌に感染している可能性があります。

ポイント①

# 草丈15㎝で支柱に沿って垂直誘引スタート

## 生育の初期段階から根を大いに発達させる

草丈が15㎝になったら垂直誘引を始めましょう。

長さ1～1・5mの支柱を用意し、ブロッコリーの苗のすぐ脇にまっすぐに挿してください。ブロッコリーの根は再生力が強いので、根が多少切れても構いません。それよりも「ブロッコリーがかわいそう」だと思って、少し離れたところに支柱を挿すことの方が問題です。苗と支柱に隙間があると、垂直に誘引することができなくなります。

さて、支柱を立てたら麻ヒモか園芸用の粘着誘引紙テープ（77ページ参照）で、ブロッコリーの葉柄部分をくくって葉を立たせます。葉柄が折れないように、そっと葉を立てて誘引してください。

69ページで紹介した、パイプカバーを利用してもいいでしょう。



生育初期段階から根の発達を大いに促すことができ、その後の生長に好影響をもたらします。

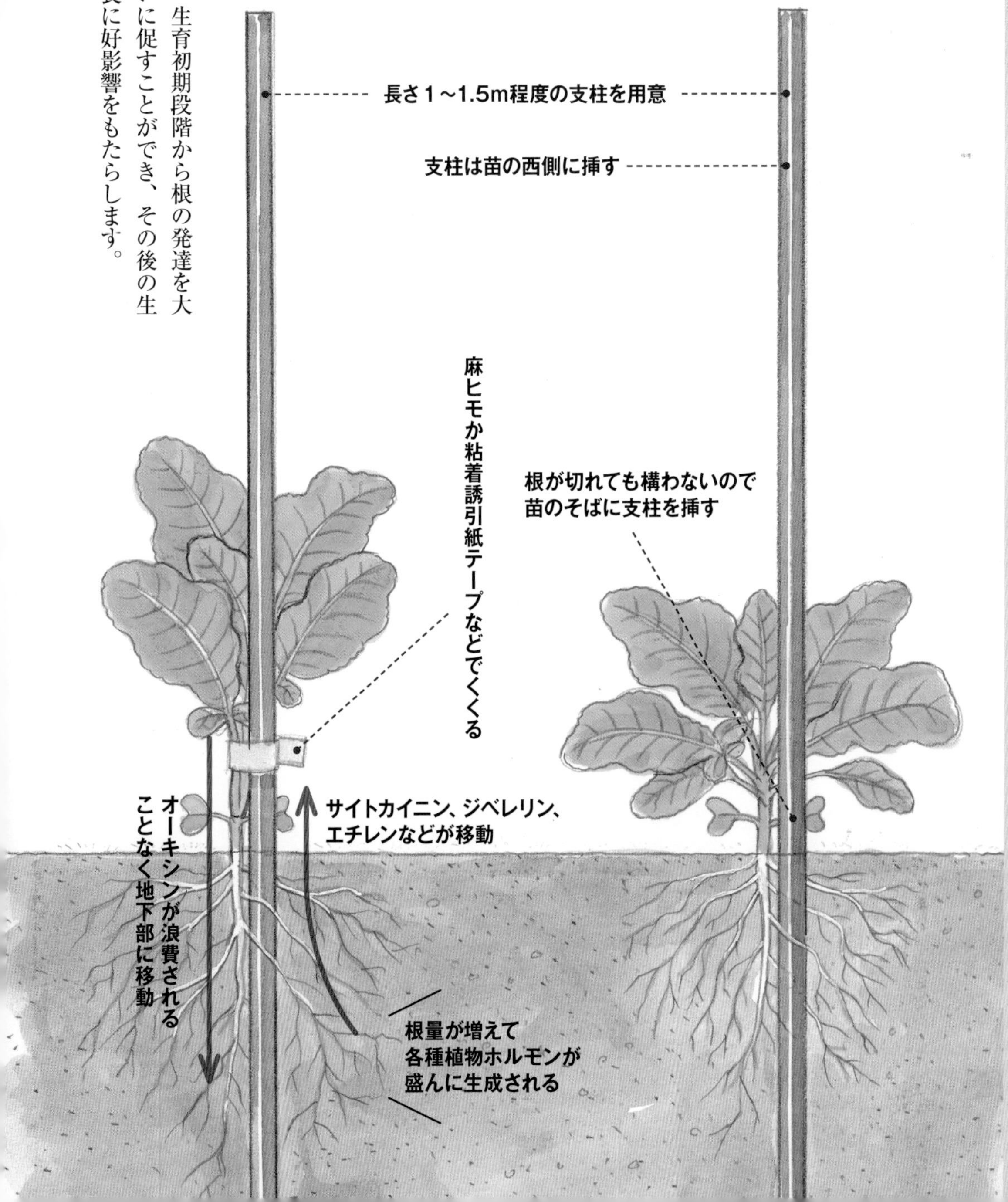

ポイント②

# 生長に合わせて垂直誘引を続ける

## 通常栽培に比べて生育旺盛 病虫害も気にならない

その後も生長に合わせて麻ヒモや粘着誘引紙テープでくくり直して、葉を立たせて育てていきます。

地下では、オーキシン効果で根の量が驚くほど増加します。根の先端では樹勢を強めるジベレリンの生成量が増加し、地上部はどんどん生長を続けます。エチレン効果で病虫害も気になりません。通常栽培と比べるとその差はハッキリ。みなさんの畑でも、通常栽培と垂直仕立て栽培の両方を試して、生長の様子を比べてみるとおもしろいと思います。

さて、農家さんから「株数が多いので、1株ずつ縛るのは手間がかかりすぎる」とお話をもらいました。そこで、70ページのハクサイ栽培でも紹介した通り、畝の両端に丈夫な杭を打ち込み、2本のロープをピンと張って、葉を挟んで立たせる方法が有効です。株数が少ない家庭菜園でも栽培途中からロープで挟む方法に変えると、作業がラクになります。

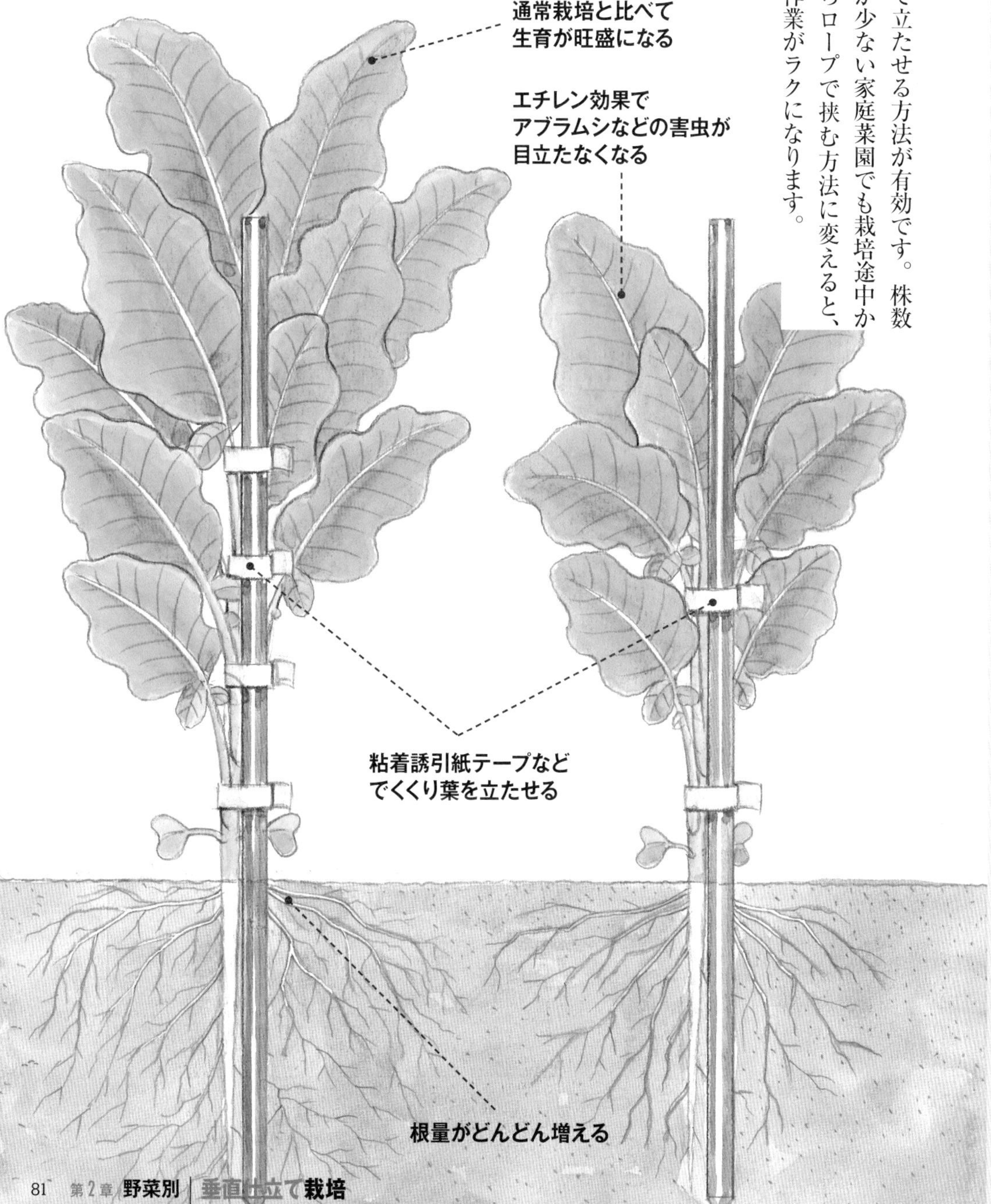

## ④頂花蕾を収穫

### 植物ホルモンの活性化で味のいい頂花蕾が採れる

やがてブロッコリーのてっぺんに花蕾がつきます。てっぺんにつくので「頂花蕾（ちょうからい）」と呼んでいますが、これが直径15～20cmの大きさになったら収穫しましょう。

最後まで葉を立たせているおかげで、ジベレリンが活性化し続け、樹勢は衰えることなく、株に病気が出ることもありません。なお、通常であればジベレリンが活性化した状態では、野菜の味は悪くなります。けれども、垂直仕立て栽培ではその他の植物ホルモン（オーキシン、エチレン、サイトカイニンなど）も最大限に活性化しているため、ジベレリンの作用を相対的に抑えて、花蕾の味がよくなります。

さて、頂花蕾の切り取り方にコツがあります。左ページのイラストのように、葉の付け根ギリギリの部分に包丁を入れて、斜めにスパッと切るのがおすすめです。傷口の癒合には、オーキシンとサイトカイニンが関わっています。イラスト右下の切り方をすると、オーキシンとサイトカイニンが傷口で出合えるため、傷口が速やかに癒えてカルス（かさぶた）がつくられます。そのおかげで病原菌の感染リスクが下がります。

収穫のタイミングは、品種によりますが直径15～20cmが目安です。収穫が遅れると味が落ちます。花蕾がしっかりと締まっているうちに採りましょう。

## ⑤側花蕾を収穫

### 翌年の春まで続くおいしい側花蕾の収穫

ブロッコリーの収穫は、頂花蕾で終わりではありません。頂花蕾の収穫後、葉の付け根部分から「側花蕾（そくからい）」が次々と出てきて、長期間収穫を楽しむことができます。

農家さんは頂花蕾を収穫・出荷したら株をさっさと片付けてしまいますが、家庭菜園では側花蕾の収穫の方がある意味で本番なのかもしれませんね。直径4～5cmサイズの小さなブロッコリーを、こまめに収穫し続けましょう。年を越して春に花が咲くまで収穫できます。頂花蕾を収穫したあとは、側花蕾の収穫がしやすいように、麻ヒモや粘着誘引紙テープのくくりを緩めるといいでしょう。

ここからは、垂直仕立て栽培に厳密にこだわる必要はありません。生育中、とくに生育初期には「バンザイ」姿に縛って、根量を増やすことに専念してきましたが、ここまで来たらもういいでしょう。すでに十分な量の根が張り、丈夫

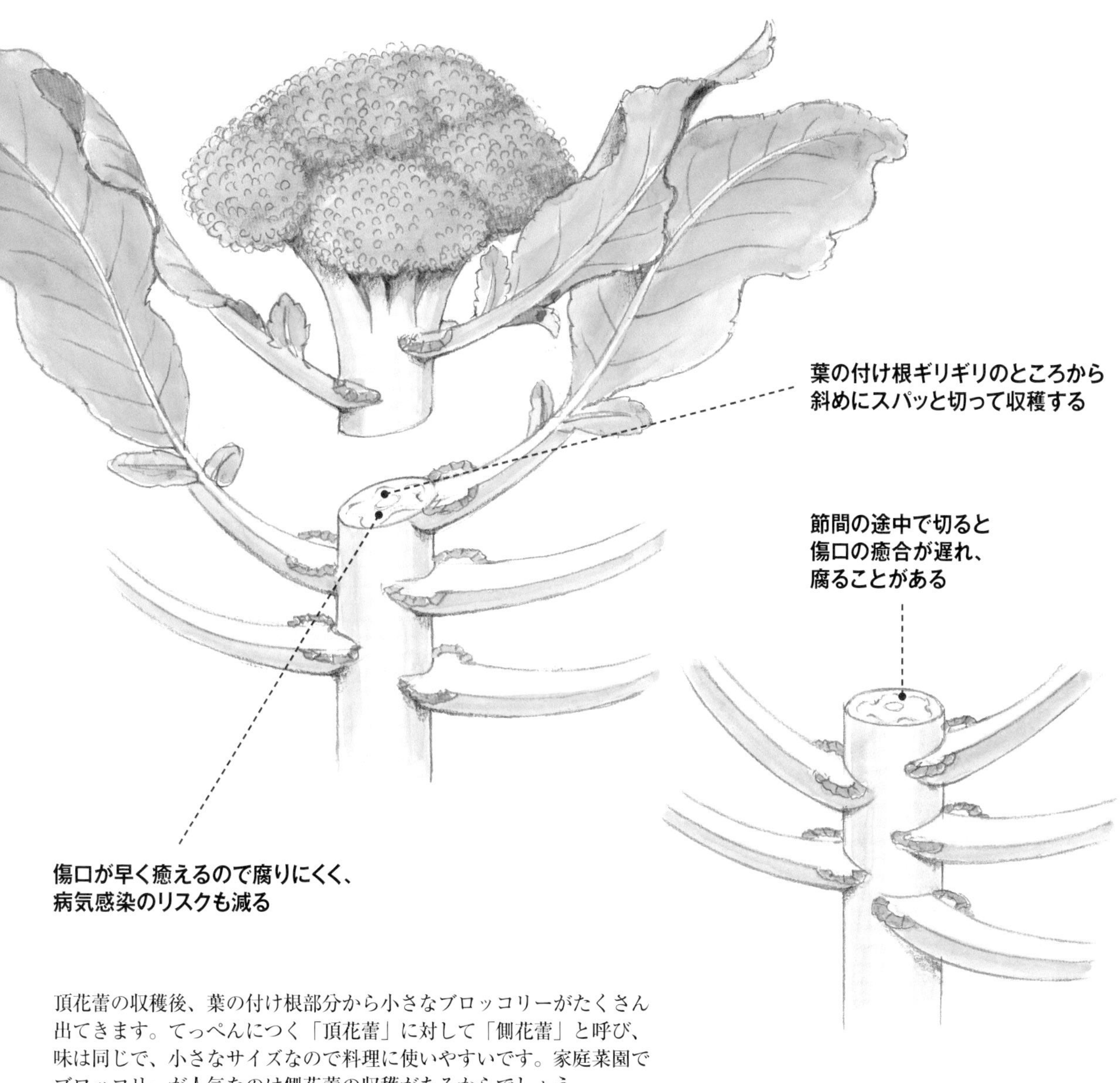


頂花蕾の収穫後、葉の付け根部分から小さなブロッコリーがたくさん出てきます。てっぺんにつく「頂花蕾」に対して「側花蕾」と呼び、味は同じで、小さなサイズなので料理に使いやすいです。家庭菜園でブロッコリーが人気なのは側花蕾の収穫があるからでしょう。

な株に育っていますから、縛りを緩めても問題はなく、おいしい側花蕾をどんどん収穫できます。垂直仕立て栽培で、ぜひおいしいブロッコリーを味わってみてください。

12

# カリフラワー

## 育ちが早く、きれいでおいしい花蕾が採れる

アブラナ科

カリフラワーの葉を立ててヒモで縛って栽培します。花蕾の生長を促し、味もよくなります。また、害虫や病気に強くなるので、無農薬栽培がラクに行えるようになります。

■カリフラワーの栽培スケジュール（中間地）

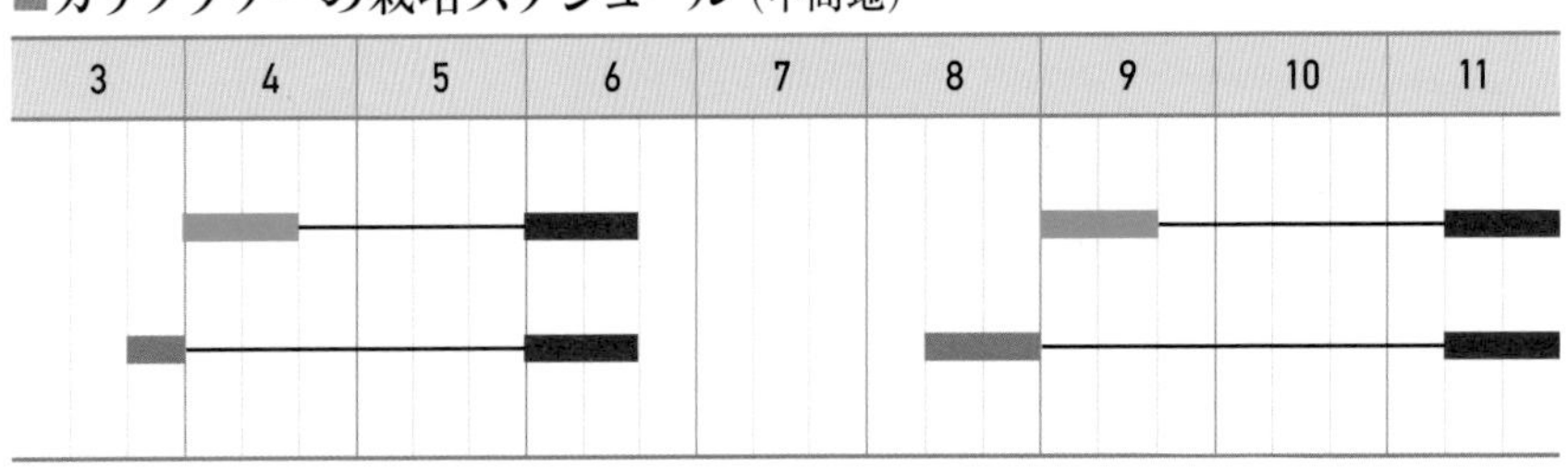


■苗を植える　■タネを直まきする　■収穫

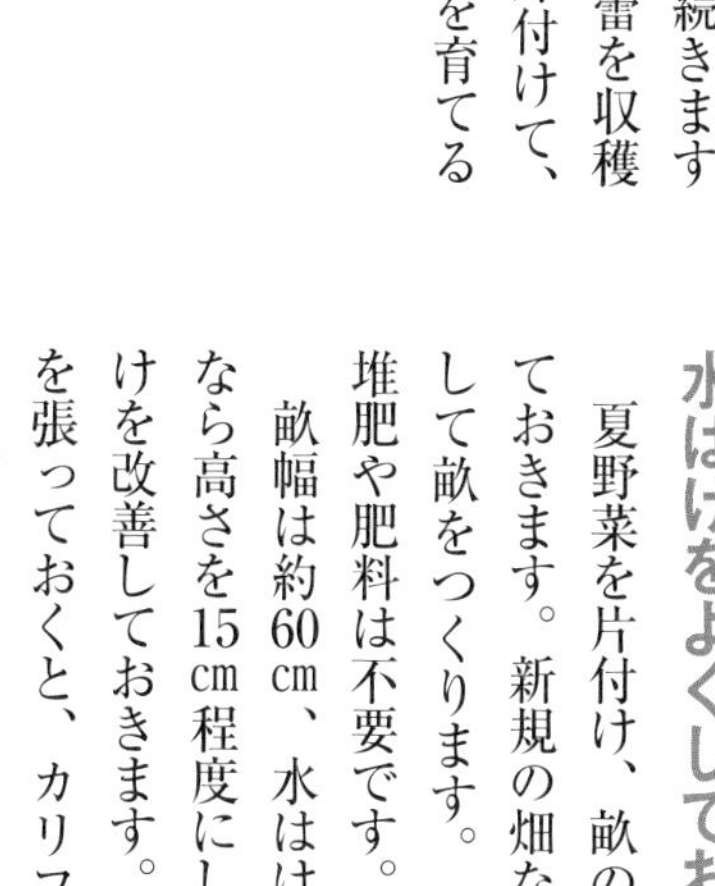

## 葉を縛って立てて花蕾を包んで育てる

カリフラワーの育て方はブロッコリー(76ページ参照)に準じます。ブロッコリー同様、無肥料で畝を用意して栽培を始めます。

草丈が15cmを超えた頃から、葉を垂直方向に誘引しながら栽培終了まで育てましょう。

側花蕾を収穫したあと、ブロッコリーは側花蕾の収穫が続きますが、カリフラワーは頂花蕾を収穫したらおしまいです。片付けて、ソラマメなどの越冬野菜を育てるといいでしょう。

収穫が近づいたカリフラワーの花蕾です。立てた葉の中で、花蕾が大きく育ち、葉が日光を遮るため花蕾の味がとてもよくなります。

## ① 土づくり

### 肥料を入れずに耕し水はけをよくしておく

夏野菜を片付け、畝の形を整えておきます。新規の畑なら土を耕して畝をつくります。いずれも、堆肥や肥料は不要です。

畝幅は約60cm、水はけの悪い畑なら高さを15cm程度にして、水はけを改善しておきます。黒マルチを張っておくと、カリフラワーの育ちがよくなります。

## ② タネまき

### 8月中旬にタネをまくか9月上旬に苗を植える

畑に直まきする場合は、中間地では8月中旬が適期です。株間40cmで1か所に3粒のタネをまき、本葉が出たら間引いて1本立ちにします。草丈が約15cmになるまでは、防虫ネットのトンネルを掛けておきます(79ページ参照)。

苗を植える場合は、9月に入ってから。株間40cmで1列に植えます。活着後、誘引を始めます。

## ③ 葉を立てる

### 草丈15cmに育ったら支柱を立てて誘引

長さ1～1・5mの支柱を株数分用意しておきます。

カリフラワーの草丈が約15cmになったら、株のすぐ脇に支柱を立て、麻ヒモか粘着誘引紙テープで茎を支柱にくくって葉を垂直方向に立てましょう。生長に従い、誘引を続け、花蕾ができ始めたら葉を麻ヒモでくくって、花蕾を包むように葉を立ててください。

## ④ 収穫

### 花蕾が直径15～20cmになったら収穫

11月に入ると花蕾が膨らみ始めます。植物ホルモンがバランスよく活性化するおかげで、葉の生育も旺盛で、同時に花蕾も早く大きく育ちます。

また、立てた葉が日光を遮るため、カリフラワーの花蕾が日焼けせず、きれいに、しかもおいしく育つメリットがあります。

# 13 ダイコン

アブラナ科

## 生長が早くなり、害虫被害は少なくなる

タネまき時期が遅れたうえ天候不順も重なって、育ちが悪かったダイコンの葉を立てたところ、生長の遅れをカバーできました。神奈川県の仲吉京子さんの実践例です。

■ダイコンの栽培スケジュール（中間地）

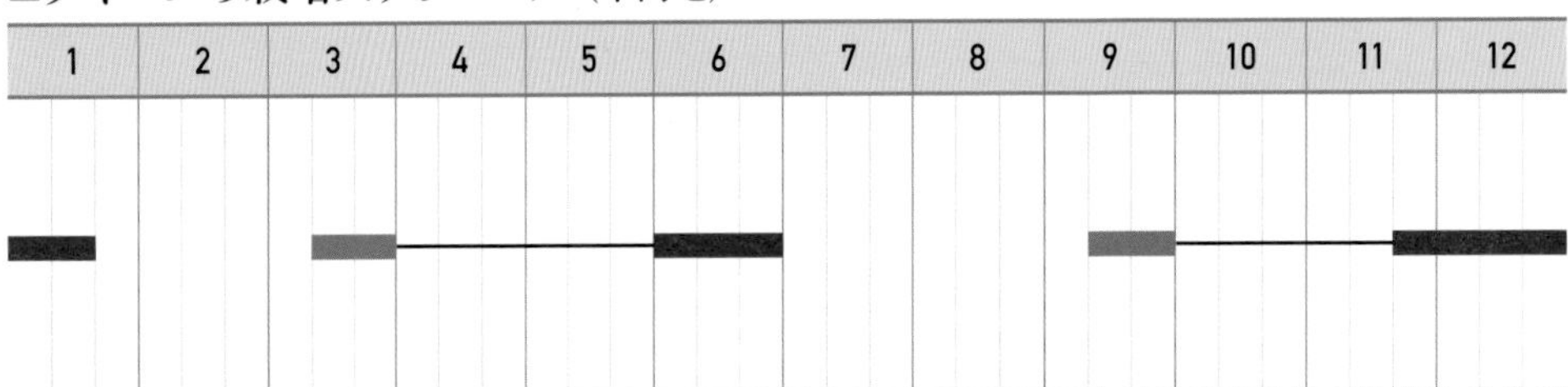

# 通常栽培との違い

## 通常栽培では害虫被害が心配

ダイコンのタネまき適期は、中間地では9月中旬です。

この時期には、シンクイムシ、ダイコンサルハムシ、ヨトウムシなどダイコンを食害する害虫が活動しています。通常栽培では害虫被害に悩まされ、防虫ネットの助けも必要になります。ダイコンも垂直仕立て栽培を取り入れると、害虫が気にならなくなり好結果を得られます。葉を立てることでオーキシンの浪費が抑えられ、発根が促されます。そのおかげで細根の先端でエチレンが盛んに生成されます。病虫害が目立たないのは、エチレン効果です。

さて、ダイコン栽培では、葉を横方向に広げずに縦方向に立てて伸ばして育てます。2本のヒモを張って葉を挟んで立てる方法のほか、株数が少なければ下の写真のように配管用保温パイプカバーで手づくりした垂直誘引グッズを利用して葉を立てるといいでしょう。

## 通常栽培と垂直仕立ての差がはっきり出た

右ページの写真は、神奈川県で自然栽培を実践している仲吉京子さんが育てたダイコンです。

サイズがまったく違いますが、どちらも同じ日にタネまきをした大蔵大根です。

通常栽培と垂直仕立て栽培では、一目瞭然の差が出ています。

仲吉さんの栽培については93ページで紹介しますが、栽培法の違いでこれほどまでの差が出るものなのかと、私も驚きました。

88ページからダイコンの垂直仕立て栽培の具体的な方法を解説していきましょう。それから、野菜の育ちが俄然よくなる、とっておきの土づくり法も紹介します。

神奈川県の仲吉さんは配管用保温パイプカバーを利用して、ダイコンの葉を垂直に立てています。

葉が横になってエチレンの生成量が落ちると、害虫や病気につけ込まれやすくなります。

## ①土づくり

### 石がゴロゴロした畑で野菜はよく育つ

野菜づくりの教科書には「土をよく耕して、石があったら取りのぞくこと」と書かれています。

ですが、私の経験上、石ころがゴロゴロしている畑の方が、トマトでもナスでもダイコンでも、どの野菜も育ちがすこぶるよくなります。

堆肥で土づくりをするのが野菜づくりの〝常識〟となっていますが、堆肥をまかずに砂利をまくことが、本当の土づくりだと思います。

レジ袋をぶら下げて畑に通う道すがら、石ころを拾い集めて畑にまきましょう。何度かまくうちに、すばらしい野菜が育つ畑に変わります。石の量は作土の4割が理想で、1㎡あたり4kgが目安です。石を鍬ですき込まなくても、コツコツと石をまいて野菜づくりを続けていけば、自然に土の中に入っていきます。

下のイラストのように、根が石に当たると細根がワッと増え、その際にエチレンの生成量も増加します。フカフカに耕しすぎた上では、根は思いのほか発達しないものです。土中の石は、植物ホルモンの活性化に大きな影響を及ぼします。

**堆肥をまかずに砂利をまくのが野菜がよろこぶ土づくり**

砂利をまいて畝づくりをすると、無肥料の不耕起栽培で、ダイコンだけでなくあらゆる野菜の育ちがよくなります。石ころだらけになるので、鍬や耕うん機で毎回耕す"通常栽培"には不向きです。

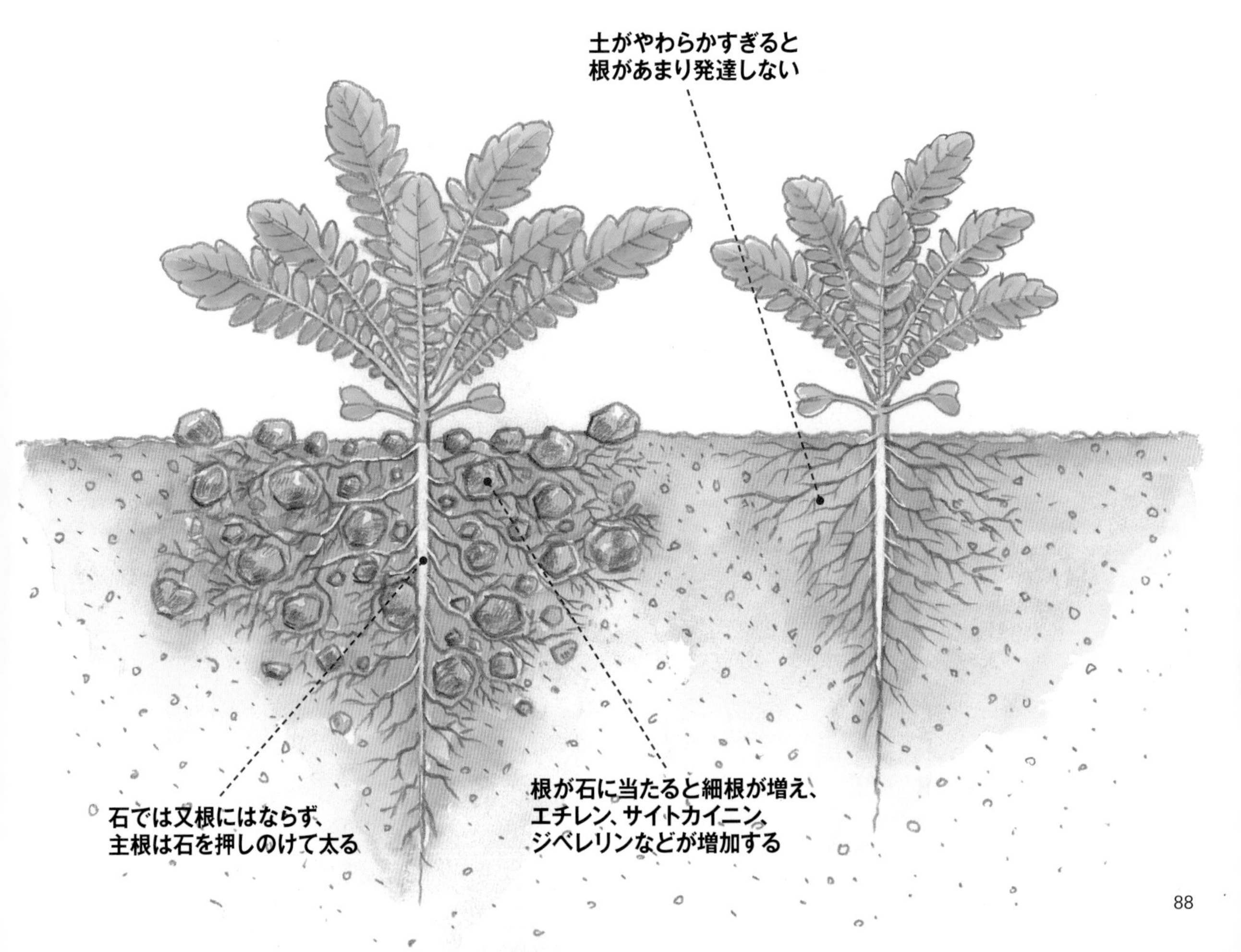

## ②タネまき

### 1か所に3~5粒の点まきをする

垂直仕立て栽培では、堆肥や肥料を利用しません。石をまくことに抵抗があるなら、畝の一部だけでもいいですから試してみてください。

水はけのいい畑なら、畝を立てずにタネをまきます。水はけが悪い粘土質の畑なら周囲に溝を掘って水はけを改善しておきましょう。

さて、ダイコンのタネまきは普段みなさんが行っている方法と変わりません。株間を約30cmとって、1か所に3~5粒を点まきします。

90ページで紹介するように、ダイコンの葉を立てて栽培するため、株間は通常よりもやや狭くしてタネまきをしても構いません。

マルチフィルムを張るとダイコンの育ちがよくなります。水やりも不要になります。利用するなら、雑草抑え効果がある黒マルチがおすすめです。

なお、マルチフィルムを使わない場合は、畝に刈り草を薄めに敷いておくといいでしょう。

関東地方などの中間地では、9月中旬がタネまきの適期です。みなさんの地域の適期をチェックしてタネをまきましょう。

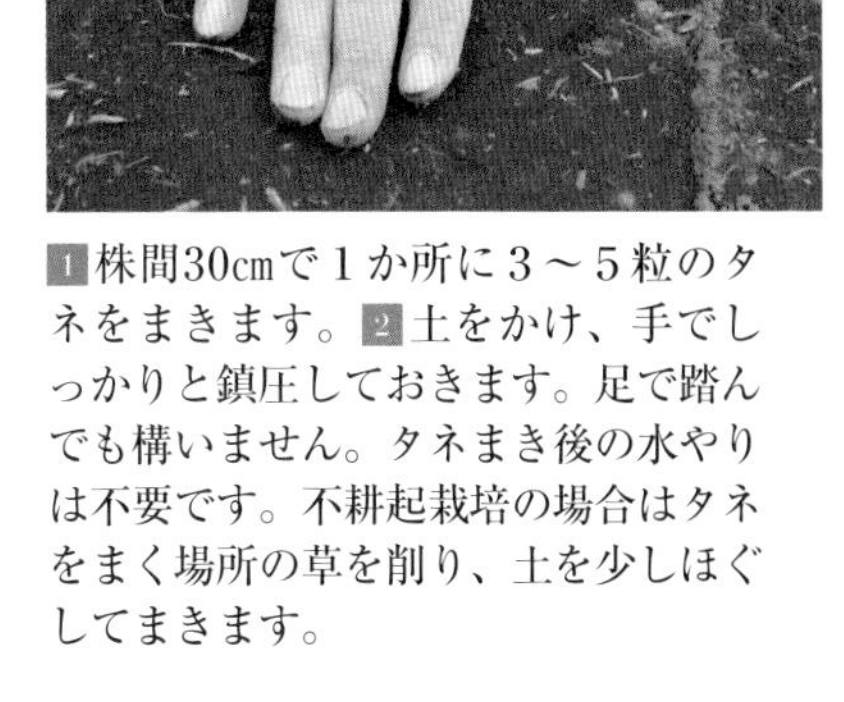

1株間30cmで1か所に3～5粒のタネをまきます。2土をかけ、手でしっかりと鎮圧しておきます。足で踏んでも構いません。タネまき後の水やりは不要です。不耕起栽培の場合はタネをまく場所の草を削り、土を少しほぐしてまきます。

## ③間引く

### 双葉がきれいに開いた芽を残して間引く

タネまきから1週間ほどで発芽がそろいます。

2~3回に分けて間引きを行い、よい苗を残して大きく育てます。間引き方は、みなさんが普段行っている通りです。特別なことはありません。

まず、本葉が開いたら1回目の間引きをします。双葉の形がいびつな苗や、胚軸がヒョロリと伸びすぎている苗を抜いて、2~3本を残します。双葉がシンメトリーに大きく開いた、ガッチリした苗を残します。

2回目の間引きは本葉4~5枚で行います。よく見比べて、生気のある苗を残します。葉に虫食いのある苗や、葉の色がおかしい苗は間引きの対象です。

間引いたら周囲の土を手でそっと寄せて、株をしっかりと立たせておくといいでしょう。

さて、草丈が10~15cmになったら、いよいよダイコンの葉を垂直に仕立て始めます。支柱と麻ヒモを用意しておきましょう。

90ページからダイコンの垂直仕立ての方法を紹介します。

11回目の間引きは、双葉が出そろったら行います。胚軸が太いガッチリした印象の苗を残します。2本葉4～5枚で2回目の間引きをし、1本立ちにします。間引く際は、片手で土を押さえて、苗をまっすぐ上に引き抜きます。

ポイント①

# 2本のヒモで挟んで葉を立てる

## ダイコンやニンジン葉物野菜にも応用できる

ダイコンの葉が10～15㎝になったら、ヒモを2本張って葉を挟んで育てます。理想をいえば、ダイコンもトマトやナス同様に、1株ずつヒモで縛って育てたいところですが、株数の多いダイコンを、生長を追って縛り直す作業は現実的ではありません。畝の両端に支柱を立て、葉が横に広がらないよう2本のヒモでサンドイッチにし、畝が長い場合は途中に適宜支柱を追加して、ヒモがたるまないように工夫してください。

その後は、ダイコンの生長に合わせて、ヒモを張る位置を上方にずらしていきます(92ページ参照)。

この方法は、ニンジンや葉物野菜の葉を立てる際に利用できます。また、エンドウやソラマメの枝を垂直に支える場合にも有効です。

さて、立てた支柱に麻ヒモを結ぶには〝もっとい結び〟がおすすめです。しっかりと結べて緩みにくいのが特徴ですが、その一方ではずしやすいのもいいところです。ヒモの張り直し作業がラクに行えます。

## 覚えておきたい結び方〝もっとい結び〟

### 2つの輪を重ねて支柱に通して結ぶ

もっとい結びとは、束ねた髪の元を結ぶ方法で、元結（もとゆい）から来た呼び名だそうです。

まず、イラスト①の通りにヒモで2つの輪をつくります。ヒモのクロスのさせ方がポイントです。輪を重ねて支柱に通し、ヒモを引くとしっかりと結べます。

結び目を緩めたいときは、ヒモを指でつまんで結び目に向かって押せば、簡単に緩みます。92ページのイラストで紹介する、ヒモの縛り直し作業が効率よく行えます。もっとい結びを覚えておきましょう。

### ① 麻ヒモで輪を2つつくる

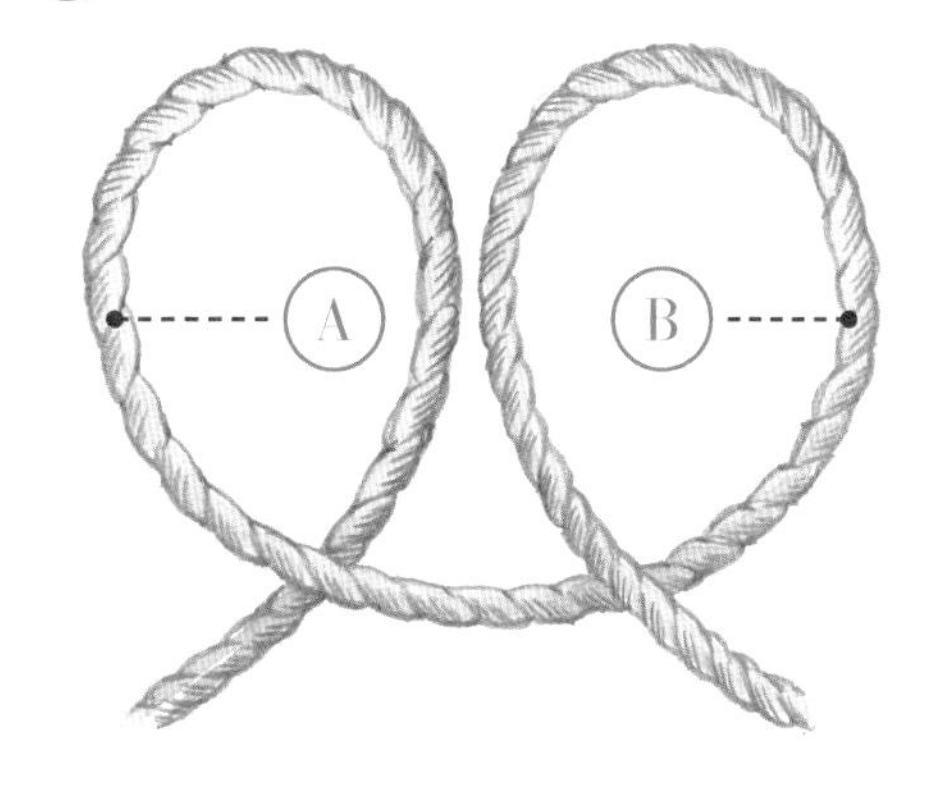


ダイコンの葉に当たりがやさしい麻ヒモを利用します。まず、結び目をつくりたいところに2つの輪をつくります。Aの輪とBの輪では、ヒモのクロス部分が変わります。そこに注意して輪をつくります。

### ② 2つの輪を重ねる

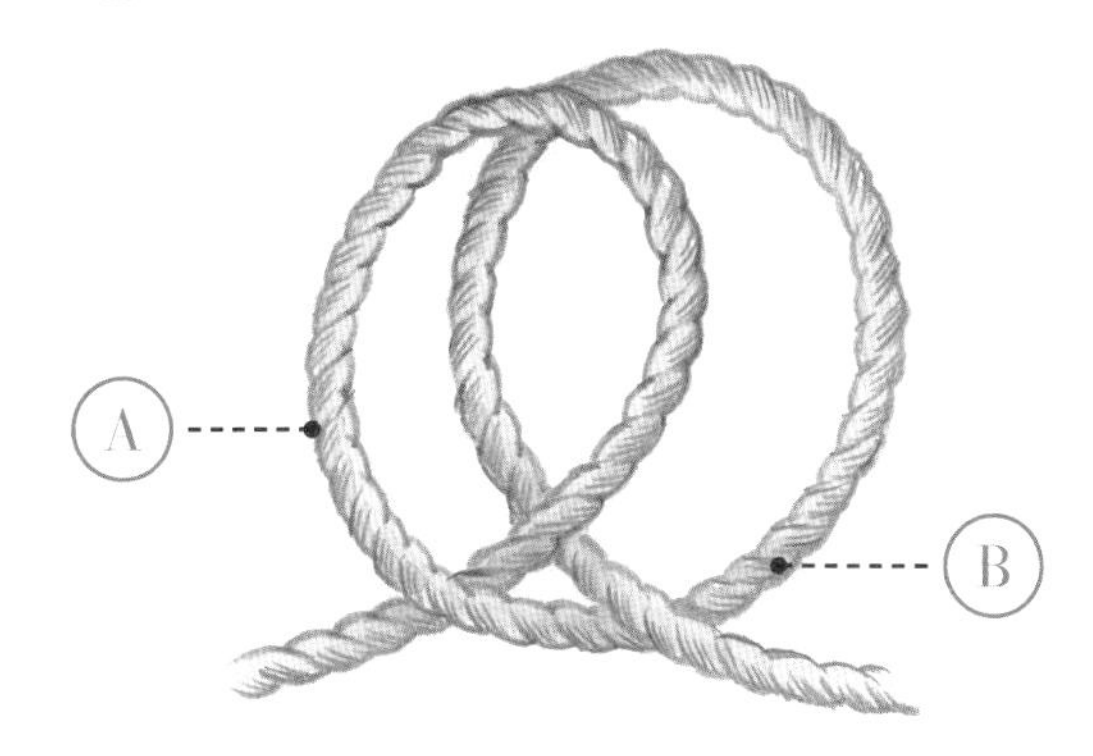


Aの輪を上に、Bの輪を下にして2つの輪を重ねます。この重ね方がポイントで、逆に重ねたのでは結べません。

### ③ 重ねた部分を支柱に通す

輪を重ねた状態で支柱に通します。ヒモを引くとしっかりと結ぶことができます。この縛り方は、タマネギを束ねて吊るして保存する際にも利用できます。

### ④ ヒモを引くと締まって固定

もう片側の支柱にも、もっとい結びでヒモを固定します。輪をつくって支柱に通したら、ヒモをたぐってピンと張ったところでしっかり結びます。

### ⑤ ヒモを押すと簡単に緩む

張ったヒモとヒモの端を指でつまんで結び目に向かって少し押すと、輪が簡単に緩みます。輪を上方に移動させたら、ヒモを引いて結び直しましょう。

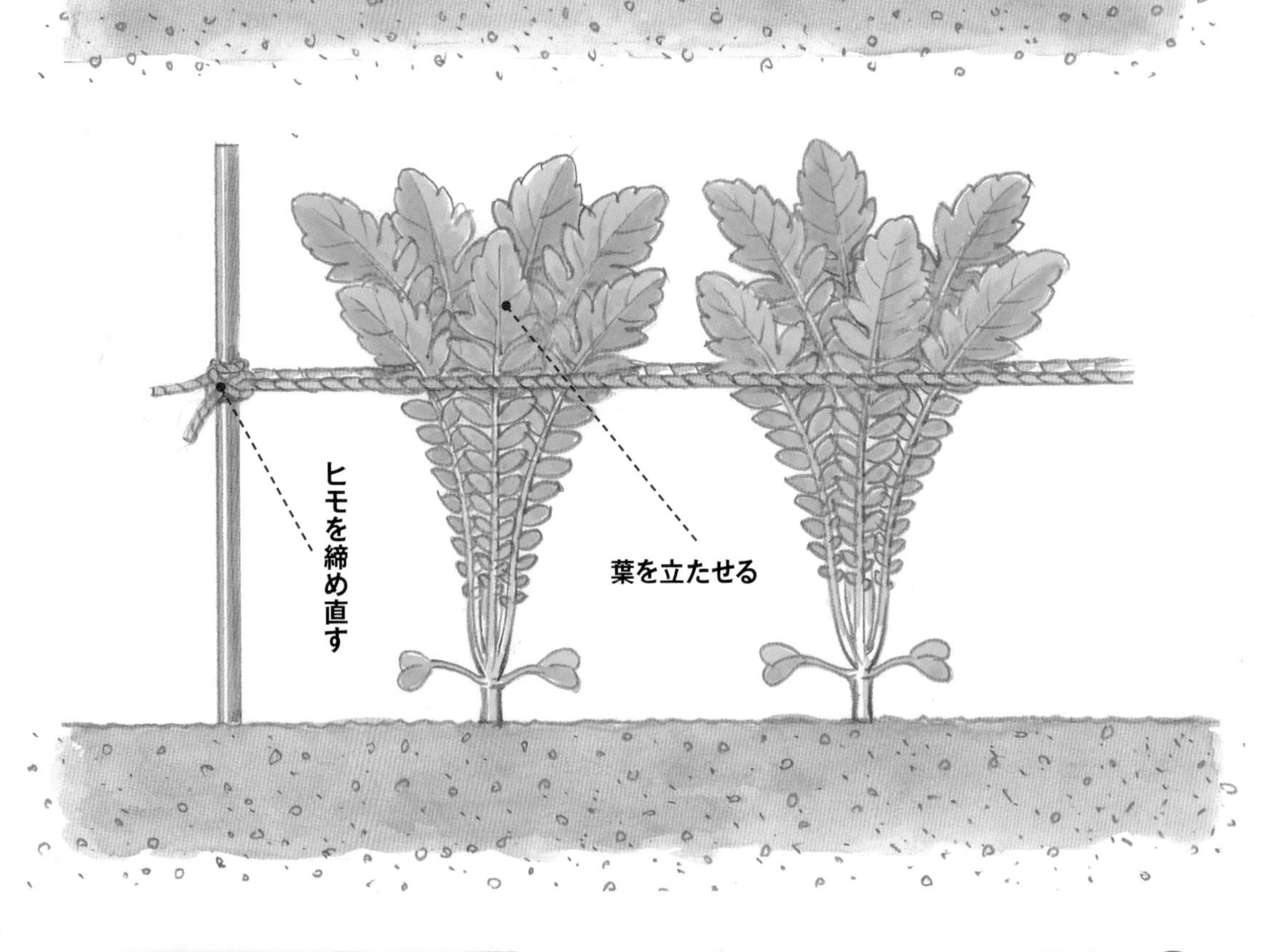


## ④収穫

### タネまき後90日を目安に収穫スタート

通常の栽培法では、葉が横に広がってくるのを目安にして収穫しますが、垂直栽培では葉を立てているので、栽培日数を目安にします。ダイコンの首の部分をチェックして、十分に太ったものから順番に収穫していきます。冬採りのダイコンは、そのまま畑に残しておくことができます。食べる分だけ抜いて持ち帰りましょう。

大きく育ったダイコンから順番に引き抜いて収穫していきます。垂直仕立て栽培をすると、タネを多少まき遅れても生長が追いつきます。

## まき遅れたダイコンも垂直仕立てでリカバー

86ページで紹介したダイコンの写真は、神奈川県で自然栽培を実践する仲吉京子さんが育てたものです。

仲吉さんの垂直仕立て栽培はとてもユニーク。ウレタン製の配管用保温パイプカバーを適当な長さにカットし、ダイコンの葉の根元にはめて葉を立たせるという方法です（87ページの写真参照）。内径の異なるカバーを3種類用意して、葉が大きく育って窮屈になったら大きなカバーと取り替えて栽培を続けます。

「昨年はタネまき時期が遅れてしまったことと、長雨の影響で気温が下がるのも早くて、ダイコンがなかなか大きくなりませんでした。あきらめかけていたところ、畑に立ち寄られた道法さんに勧められ、栽培の途中からですが垂直仕立てを試みました。1本ずつ縛るのは大変。水道管を保温するカバーならラクかなと思いつきました」と、仲吉さん。その結果が左の写真です。

葉を立てずに育てたダイコンと比べると、垂直仕立て栽培のダイコンは明らかに生長がよいことが一目でわかります。まき遅れが見事にリカバーできた、好事例です。

配管用保温パイプカバーはホームセンターで入手。カッターで切って使います。小径をつけたままだと葉が傷むので、適宜サイズ替えをします。

垂直仕立て栽培　通常栽培

1

2

3

1 左が葉を立てて育てた大蔵大根。右が比較のために葉を立てずに育てた大蔵大根です。まき遅れがリカバーされました。2 紅芯大根の比較。3 ビタミン大根の比較。いずれも、垂直仕立て栽培の優位性を示しています。

# 14 カブ

アブラナ科

**食味のいい実が採れる**

## スジまきして間引きながら収穫

カブはタネをスジまきします。条間15cmで畝に数列まいて育てましょう。隣同士の葉が触れ合い、自然に葉が立ち気味になり、生育がよくなります。

1列ごとに2本のヒモを張って葉を挟んで立たせるとなおよく育ちます。間引きをしながら収穫していくと、小カブ→中カブ→大カブの順で楽しめます。

病虫害に強く、きれいな実を収穫できます。肉質はキメ細かくなり、糖度も高くなるのが特徴です。

■カブの栽培スケジュール

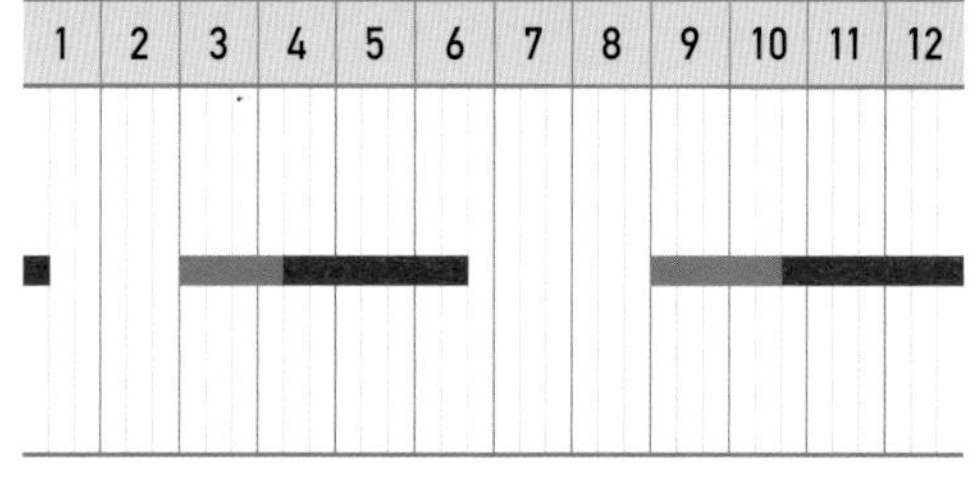


■タネを直まきする　■収穫

# 15 ニンジン

セリ科

**甘いニンジンが育つ**

## カブ同様にスジまきして育てる

ニンジンもカブ同様にスジまきにします。1～2cmに1粒ずつ1列にタネをまき、条間は15cm程度あけて畝に数列育てましょう。

隣同士の葉が寄り合って自然に立ち気味に育つので、植物ホルモンが活性化して、育ちも早くなり、よく太ったおいしいニンジンが採れるようになります。

ニンジンはタネまき後、100日前後で収穫できます。コリコリとした食感で、ほどよい甘さを楽しめます。

■ニンジンの栽培スケジュール

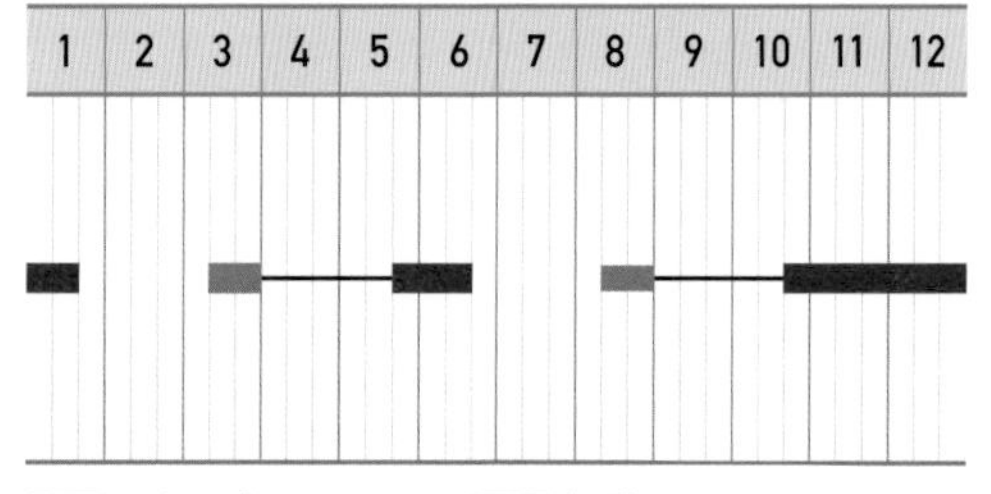


■タネを直まきする　■収穫

# 16 シュンギク

キク科

## やわらかくて甘い葉を楽しむ

### 密植栽培をしてやわらかい葉を収穫

条間10〜15㎝でスジまきして、間引かずにそのまま育てる方法がおすすめです。葉が押し合って自然に葉が垂直に立ち上がり、とても育ちがよくなります。通常栽培のシュンギクよりも葉がやわらかくなり、甘さものるため、採れたてをサラダで食べられます。畝の両サイドにヒモを張っておくといいでしょう。

■シュンギクの栽培スケジュール

1 2 3 4 5 6 7 8 9 10 11 12

タネを直まきする　収穫

密植栽培のシュンギク。引き抜いて間引き収穫すると、株間で待機していたシュンギクが育ち始めます。

# 17 コマツナ

アブラナ科

## 虫がつかずきれいな葉を収穫

### 密植栽培すると葉が立って好結果

コマツナは株間15㎝、条間15㎝で1か所に4粒程度の点まきし、間引かずにそのまま育てる方法がおすすめです。

密植栽培のいいところは、放っておいても葉が自然に立ち気味になり、垂直仕立て栽培になることです。コマツナのほかに、ホウレンソウなどの小さな葉物野菜に応用できます。

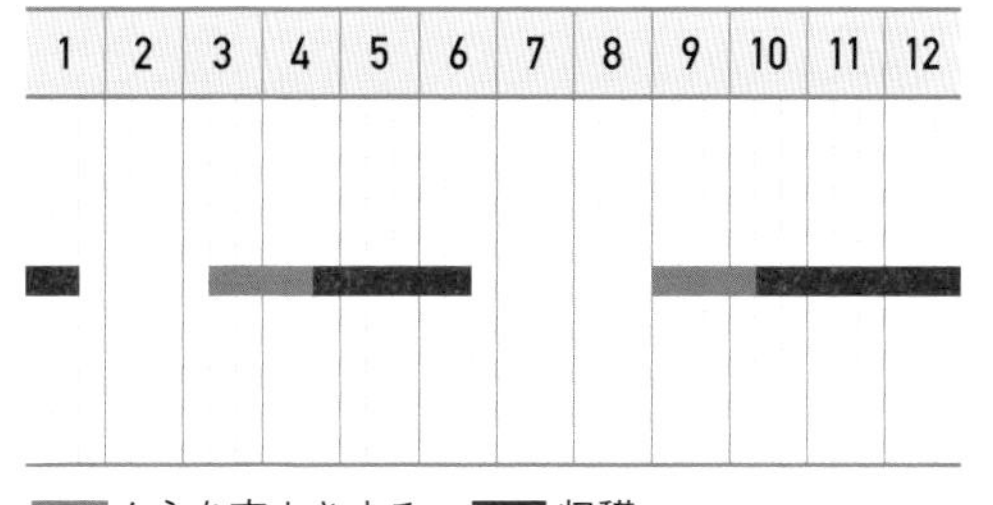

虫がつきにくく、おいしいコマツナに育ちます。草丈が15〜20㎝になったら、地際で切って収穫します。

## 18

# イチゴ

## 甘い実が数多く実り、収穫期間が長くなる

### 葉を立てる

葉が横に広がると、起き上がろうとしてオーキシンが消費されます。オーキシンには発根を促す働きがあります。葉を立てることでオーキシンの浪費が抑えられ、地下に下りていくオーキシンの量が増え、その結果、根量増につながります。

### ランナーを立てる

ランナーを切らずに垂直に吊るすと、葉を立てたのと同様にオーキシンが活性化し、根量が増えます。根の先端ではサイトカイニン、ジベレリン、エチレンが盛んに生成されて地上に上がっていくため、地上部の生長が大いに促進します。

# 通常栽培との違い

## ランナーは切らないで垂直に誘引する

イチゴはどの部分を縦方向に伸ばしたらいいのでしょうか？

答えは、葉とランナーです。

葉を立てる方法は、ブロッコリーやダイコンの項で紹介したので、どうしたらいいかはもうおわかりになると思います。

ただ、「ランナーを垂直に伸ばせ」と言われても、ちょっと想像できないのではないのでしょうか。なにしろ、ランナーは栽培途中からたくさん発生して、どんどん長く伸びます。野菜の教科書には「ランナーが伸び出したらこまめに摘み取ること」と必ず書いてあります。

垂直仕立て栽培では、伸びるランナーを摘むことはしません。なぜなら、ランナーの先端はオーキシンがつくられる大事な部分だからです。

100ページのイラストを見てください。イチゴ栽培らしからぬ姿となります。

ただ、すでに垂直仕立て栽培を経験されている方なら「なるほど、こうすればいいんだ」と、ピンとくるのではないでしょうか。

ランナーを束ねて垂直方向に誘引すれば、地下では発根が促され根が発達します。細根の先端では盛んに植物ホルモンが生成されてイチゴの生育をよくします。

## イチゴが健全に育つ仕組みを妨げない

通常栽培と違い、イチゴの畝には堆肥や肥料を入れません。

植物は光合成と呼吸によって自ら生長します。生長過程を決めるのが植物ホルモンです。イチゴを健全に育てるポイントは、この仕組みを妨げないことに尽きます。その手段は、日当たりや水はけなどの栽培環境を整えることと、葉とランナーを垂直に仕立てることです。決して肥料を与えることではありません。98ページから、イチゴの植物ホルモンが最大限に活性化する、垂直仕立て栽培の手順を紹介していきます。

植物ホルモンが活性化する、マルチフィルムの張り方も紹介します。この張り方は、イチゴだけでなく、あらゆる野菜の生長に好影響を与えますから、ぜひ応用してください。

すべての植物ホルモンが活性化した状態をキープすると、生育旺盛で実のつきがとてもよくなります。病虫害も気になりません。

■イチゴの栽培スケジュール（中間地）

| 1 | 2 | 3 | 4 | 5 | 6 | 7 | 8 | 9 | 10 | 11 | 12 |
|---|---|---|---|---|---|---|---|---|---|---|---|
| | | | 収穫 | 収穫 | | 苗採り | | | 苗を植える | | |

苗を植える　収穫　苗採り

## ❶土づくり

### かまぼこ形の畝の山頂にマルチをかぶせる

堆肥や肥料を施さずに畝を用意してください。イチゴが窒素分を余分に取り込むと、植物ホルモンの活性が下がって病虫害に悩まされます。

イチゴ栽培にはかまぼこ形の畝が向きます。1列に苗を植えると、うまい具合にイチゴの実がぶら下がって実ります。畝の幅は40～50cm、畝の高さは20～30cmを目安に、水はけが悪い畑では高めにします。

黒マルチを利用すると生育が促進され、雑草抑えにもなって便利です。その際、畝の裾部分の土を露出させておくことをおすすめします。畝全体をマルチで覆うと、根から出る二酸化炭素が土から抜けきらず、クエン酸回路が十分に回らずに植物ホルモンが不活性になります。

**畝の裾部分は土を露出させておくとよい**

畝の裾部分の土を露出させると空気の出入りがよくなります。根の呼吸が妨げられず、植物ホルモンが活性化しやすい環境になります。実がぶら下がる位置あたりまでマルチをかぶせておけば、実が土に触れず汚れません。

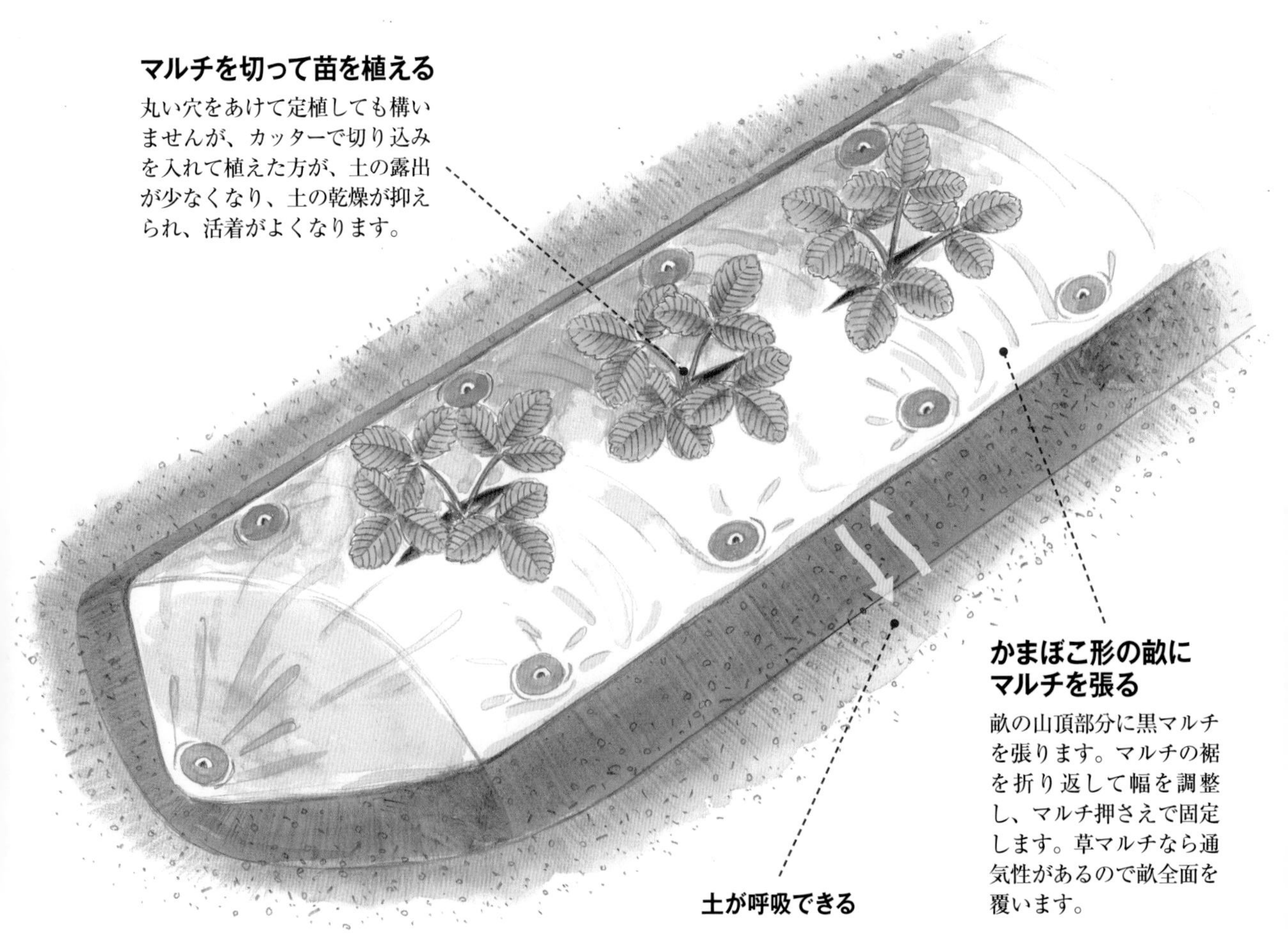

マルチを切って苗を植える
丸い穴をあけて定植しても構いませんが、カッターで切り込みを入れて植えた方が、土の露出が少なくなり、土の乾燥が抑えられ、活着がよくなります。
かまぼこ形の畝にマルチを張る
畝の山頂部分に黒マルチを張ります。マルチの裾を折り返して幅を調整し、マルチ押さえで固定します。草マルチなら通気性があるので畝全体を覆います。
土が呼吸できる

## ❷ 冬越し

### 厳冬期には不織布のトンネルなどで防寒

イチゴは寒さに強く、関東以西なら容易に冬を越すことができます。厳冬期には、ペタンと地面に張りついた姿になって寒さをしのぎます。

寒い地域では、冬の間は不織布をトンネルかべた掛けにして、強い霜や低温から苗を守るといいでしょう。不織布は2月に入ったら撤去します。

1 不織布のトンネルで畝全体を覆って、イチゴの越冬を助けます。不織布をフワッとかぶせるべた掛けも有効です。2 厳冬期にはイチゴは"ロゼット状"になって、寒さに耐えています。

## ❸ 葉を立てて育てる

### 草丈10㎝になったらヒモで挟んで葉を立てる

立春を過ぎて気温が上がってくると、イチゴは生長を始めて新しい芽を伸ばし始めます。草丈が10㎝を超える頃から、イチゴの葉を立たせて育てましょう。

葉を立てることで、オーキシンが浪費されることなく根にまっすぐ下りていき、根の伸長を促します。

もうおわかりと思いますが、細根の先端でつくられるサイトカイニンやジベレリンの活性も高まるため、地上部の生長もよくなります。エチレンの生成量も増え、うどんこ病にかかる心配もなくなります。

葉の立て方はダイコンやハクサイと同様です。

ポイント①

# ランナーを切らずに垂直に伸ばす

**ランナーを切らないこと**

一般的な栽培法ではこまめにランナーを切りますが、これは根の伸長を妨げる行為です。イチゴの生長にとって好ましくない行為をわざわざしていることになります。

## ランナーをまっすぐ吊って根量を増やして多収を狙う

イチゴ栽培では、ほとんどの方が栽培中に伸び出すランナーを切っていると思います。

イチゴに限らず植物は、新芽が出るとその分だけ根を出します。ランナーは新芽と一緒ですから、絶対に切らないこと。ランナーを切ると、先端部分で生成されるはずだったオーキシンが生成されず、発根が止まり、生育不良を起こします。

上のイラストのように、伸び出したすべてのランナーを、垂直に張ったヒモに吊って誘引してください。あるいは、株ごとに支柱を1本ずつ立てて、ランナーを縛って誘引する方法でもいいでしょう。

いずれにしろ、まっすぐに吊れば吊るほどランナーは元気になり、その結果、根の量が増えます。

## 通常栽培

通常栽培のイチゴ畝の土を掘って、根の様子を観察しました。円内の写真はイチゴの花です。花弁は５枚です。この後、葉を立て、ランナーを吊りました。

## 垂直仕立て栽培

1 垂直仕立て栽培に切り替えてから１週間後の根の様子です。新しい根が伸び始めているのが見えます。2 生長が進むと根の量がどんどん増えます。葉も大きくなり葉数も増えます。3 植物ホルモンの活性が高まり、花弁が８枚ある花も咲きます。

## 支柱にヒモを張ってランナーを誘引する

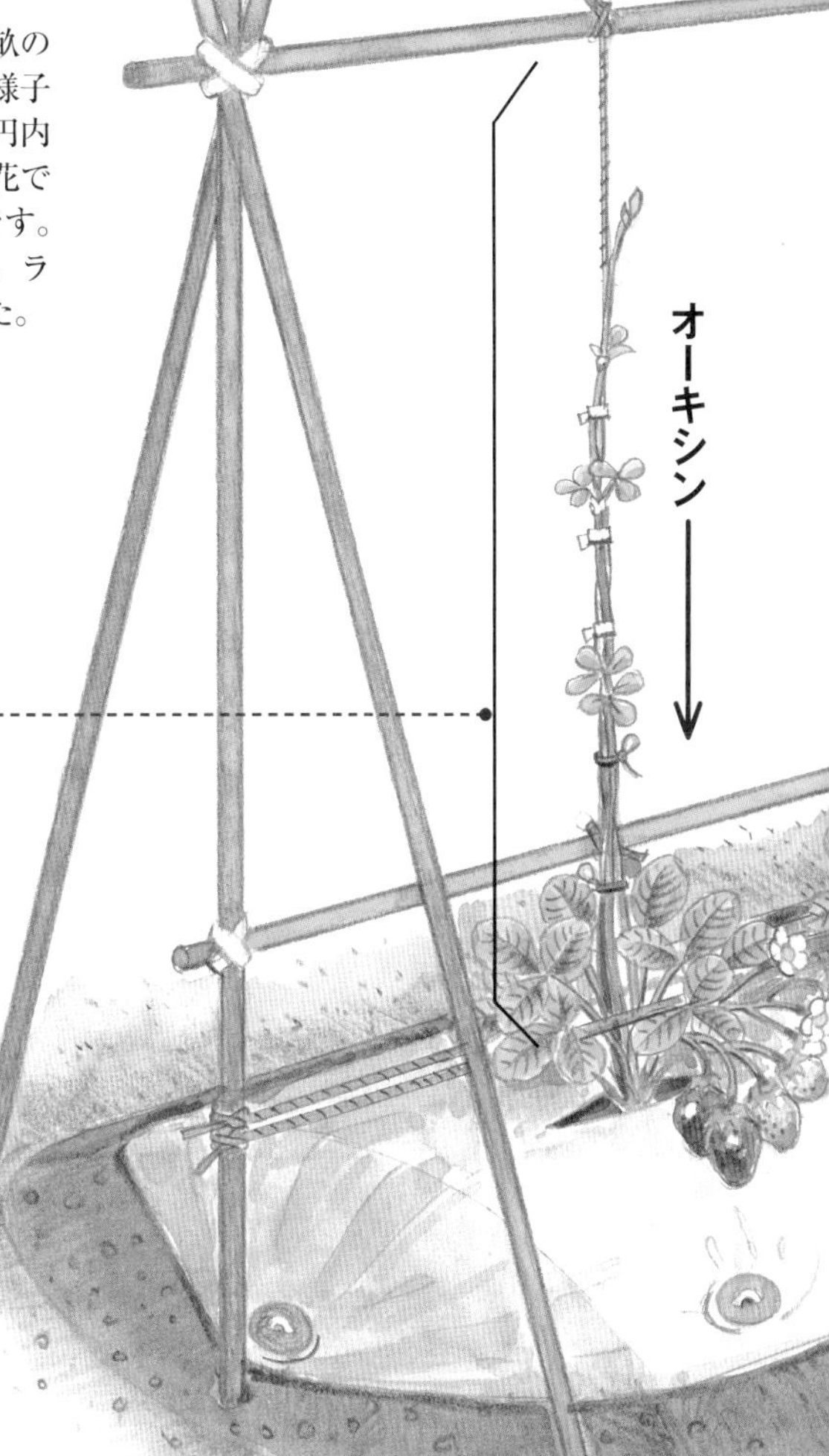


通常栽培と垂直仕立て栽培の根の様子を比較したのが左の写真です。

なお、ランナーが支柱の高さを超えても切ったりしないで、そのままブラブラさせておいて構いません。

## ④収穫

### 垂直仕立て栽培では収穫が長期化する

イチゴの収穫は、中間地では5月の連休前あたりから始まります。実全体が真っ赤に色づいたら収穫しましょう。

葉を立て、ランナーを切らずに垂直に吊ったイチゴは、葉が大きく、葉数も増えます。大きな株に育ち、収穫期間が延びるのが特徴です。

植物ホルモンが活性化していることを物語っています。ジベレリンのおかげで草勢が衰えず、サイトカイニンが花を増やし、オーキシンが結実を促します。このような好循環がイチゴの中でグルグルと回ります。

また、イチゴの体内のエチレン量が増加するため、うどんこ病やアブラムシなどの病虫害の心配もほとんどなくなります。通常の肥料栽培ではこのようにはいかないでしょう。

垂直仕立て栽培を取り入れた生産農家の畑では、イチゴが3番果以降もなり疲れすることなく第4花房、第5花房と延々と実をつけて大増収となり、大変よろこばれています。

ランナーを大事にすることは、イチゴの根を大事にすることです。イチゴの垂直仕立て栽培を、みなさんの畑でもぜひ試してみてください。

## ポイント② 苗採りをする

### 収穫が終わったらランナーから苗採り

伸びたランナーの途中途中に、新芽がついています。収穫が終わったら、育苗ポットに新芽を根付かせて来年用の苗をつくりましょう。

通常は、育苗ポットを地面に置いて苗採りをしますが、おすすめはイラストのように段々の棚に育苗ポットを並べて、ランナーを登らせて苗採りをする方法です。

育苗ポットを平置きする、つまりランナーを水平方向に伸ばすより、このように角度をつけて登らせた方が、植物ホルモンの活性が高まります。発根が促されるため速やかに根付き、強健な苗をつくることが可能になります。

育苗ポットは9㎝サイズが適当です。フルイにかけた畑の土を育苗ポットに入れ、土の上に新芽を載せます。根付くまでは新芽が動かないように、針金をU字に曲げてつくった小さなピンなどを挿して、新芽を押さえておくといいでしょう。

1番目の子株は病気が出やすいので、苗採りをしない方が無難でしょう。ただ、私は1番目の子株も利用していますが、問題ありません。

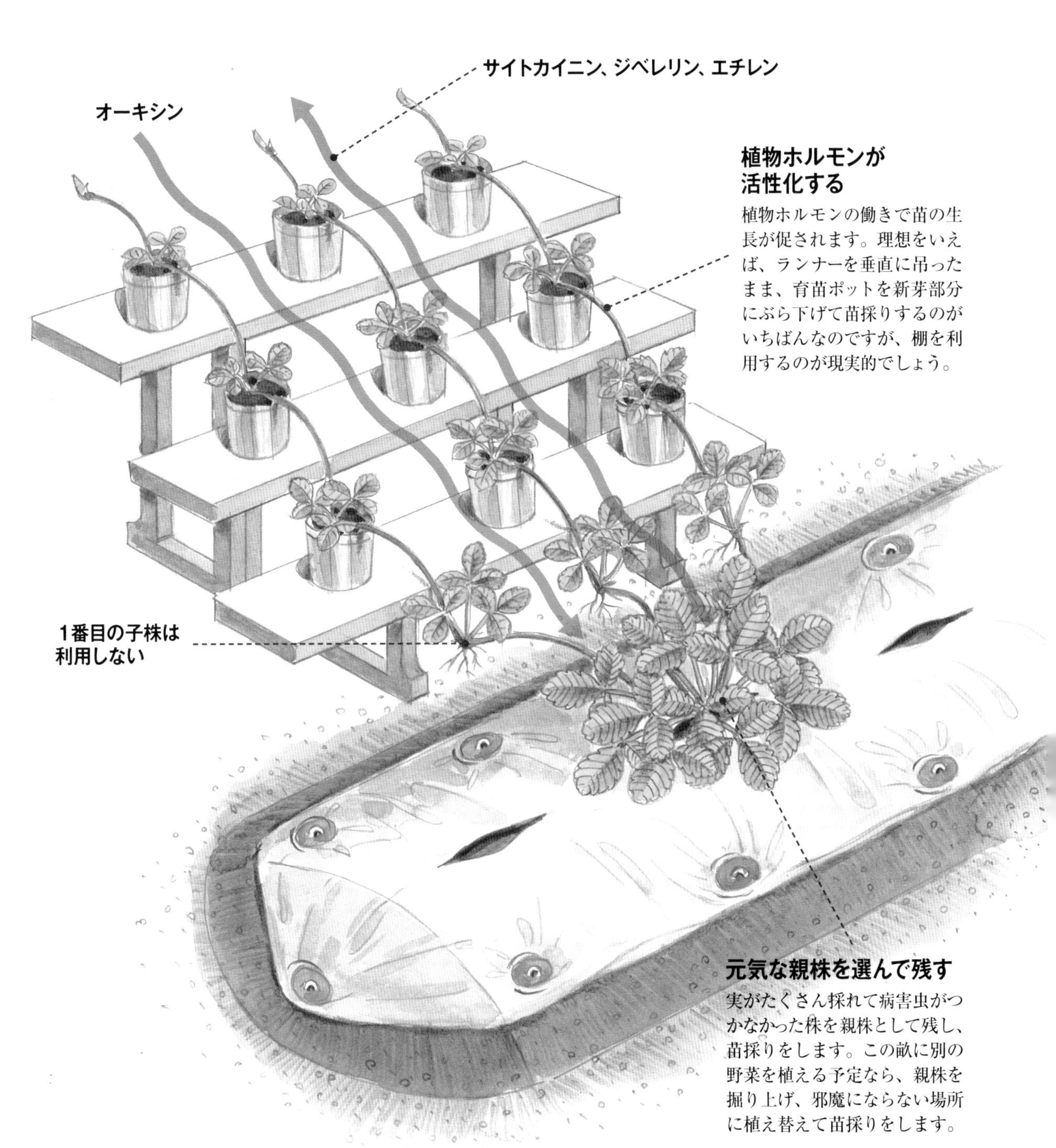


### 植物ホルモンが活性化する

植物ホルモンの働きで苗の生長が促されます。理想をいえば、ランナーを垂直に吊ったまま、育苗ポットを新芽部分にぶら下げて苗採りするのがいちばんなのですが、棚を利用するのが現実的でしょう。

### 元気な親株を選んで残す

実がたくさん採れて病害虫がつかなかった株を親株として残し、苗採りをします。この畝に別の野菜を植える予定なら、親株を掘り上げ、邪魔にならない場所に植え替えて苗採りをします。

### ポットに根付いたらランナーを切り離す

ランナーを切って1鉢ずつに分けます。なお、ランナーが伸びていく方向に花芽がつきます。定植時の目印となるよう、親株側から入ってくるランナーを長めに残して切っておきましょう。定植時に向きをそろえて植えれば、畝の同じ側に実がつき収穫しやすくなります。

適宜水やりをして育苗し、2〜3週間で根がしっかり張ったらランナーをハサミで切り離し、さらに育苗を続けます。イチゴの苗は真夏の乾燥と高温を嫌いますから、葉を広げる夏野菜の株元などに置いて育苗するといいでしょう。

# 19 ニンニク

## 鱗茎がサイズアップし、食味がよくなる

ヒガンバナ科

# 通常栽培との違い

## 葉を立てて育てれば鱗茎はサイズアップ

ニンニクの植えつけは中間地では9月中旬以降です。冬を越して翌年の5月下旬〜6月に収穫期を迎えます。

栽培のポイントは、生育中に葉が横に広がって倒れないように工夫することです。

仕立て方に決まりはありません。右のイラストのようにヒモを張って葉を垂直方向に仕立てる方法でもいいですし、1株ごとに支柱を立ててヒモで葉を縛って誘引しても構いません。育てる株数やかかる手間を考えて、自分の好みのやり方で垂直誘引してください。

畝には肥料を入れません。垂直に仕立てたニンニクは植物ホルモンの働きで健全に育ち、通常栽培と比べてサイズアップした鱗茎を収穫できます。充実した、食味のいいニンニクを楽しめます。

## 収穫時期になっても病気が出にくい

収穫期まで葉を立てたままで栽培します。ジベレリンが活性化しているため、収穫時期が近づいても通常栽培の畝と比べて葉の青さが残ります。光合成を行い、生長を続けます。

同時にエチレン、サイトカイニンなどすべての植物ホルモンも活性化しているため、鱗茎はしっかりと充実します。

さて、肥料を用いた通常の栽培では、春になって気温が上がると、春腐れ病やタネバエなど、病虫害が出やすくなりますが、垂直仕立て栽培ではその心配はほとんどありません。これは、葉を立たせているためです。ニンニクの根は十分に発達し、そのおかげでエチレンの生成量が増加し、病虫害に強い体質になるからです。

**充実した大きな鱗茎が収穫できる**

6月に入り、葉が枯れだしたら（といっても通常栽培の畑のニンニクよりも青々としています）、引き抜いて収穫します。香りもいいおいしいニンニクを楽しめます。

■ニンニク栽培スケジュール（中間地）

| 1 | 2 | 3 | 4 | 5 | 6 | 7 | 8 | 9 | 10 | 11 | 12 |
|---|---|---|---|---|---|---|---|---|---|---|---|
| ― | ― | ― | ― | ―／収穫（下旬） | 収穫（上旬） |  |  | 鱗片を植える（中旬以降） | ― | ― | ― |

鱗片を植える　収穫

## ❶土づくり

### 無施肥で畝を立て黒マルチを張る

ニンニクの植えつけは、9月中旬から10月下旬です。植えつけ前までに畝を用意しておきます。

堆肥や肥料は入れず、深さ20㎝くらいまでをよく耕し、水はけの悪い畑では高めの畝をつくって排水性をよくしておきます。

畝には黒マルチを張っておきましょう。生育がよくなり、雑草取りの手間も省けます。

## ❷植えつけ

### 鱗茎をバラして鱗片を1個ずつ埋める

黒マルチに条間30㎝、株間15～20㎝で植え穴をあけ、そこにニンニクの鱗片を1片ずつ植えます。

鱗片を土に押し込んで土をかけたら手で押さえて鎮圧します。水やりは不要、発芽を待ちましょう。

覆土は約2㎝が目安です。植える深さをそろえると、発芽がよくそろい、その後も仲良く育ちます。

**鱗片を埋めて約2㎝覆土する**

1植えつけ前に鱗茎を割ってバラバラにします。2黒マルチに穴をあけ、鱗片を埋めます。鱗片に3㎝くらい土をかけて手で鎮圧すると、覆土が約2㎝になります。これで植えつけは完了。鱗片を覆っている薄皮は、むいてもむかなくてもどちらでも構いません。

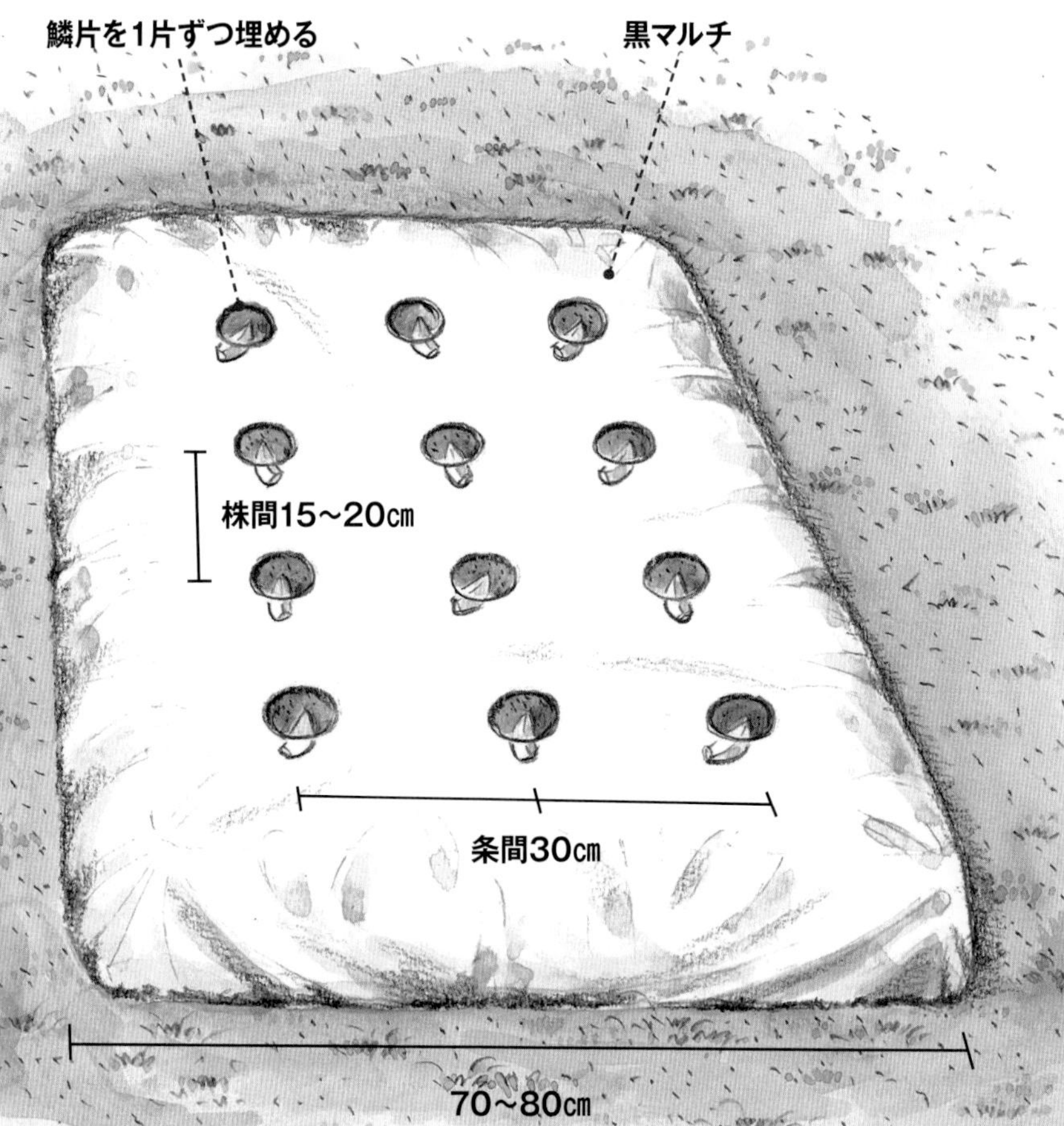


**マルチフィルム利用で生育がよくなる**

ニンニクの生育適温は18～20度で、冷涼な気候を好む野菜ですが、発芽にはやや高温が必要です。黒マルチを張ると発芽が早まり、初期生育も促されます。写真は、ニンニク1株ごとに支柱を立てて葉を誘引している例です。

ポイント

# 草丈10㎝程度から垂直仕立てスタート

## 生育初期から根量を増やしたい

ニンニクは厳冬期には生長が止まります。それまでに根をしっかり張らせておくことが大事で、翌春の生育が格段によくなります。

草丈が10㎝程度になったら、垂直誘引を始めましょう。

葉を立てるとオーキシンの移動が活発になり、発根が促されて根量が増加します。右ページ下の写真のように1株ずつに支柱を立てて葉を縛る方法でもいいですし、面倒なら19ページでも紹介した配管用保温パイプカバーを利用するといいでしょう。

葉の伸長に合わせて、カバーを上方にずらしていきます。

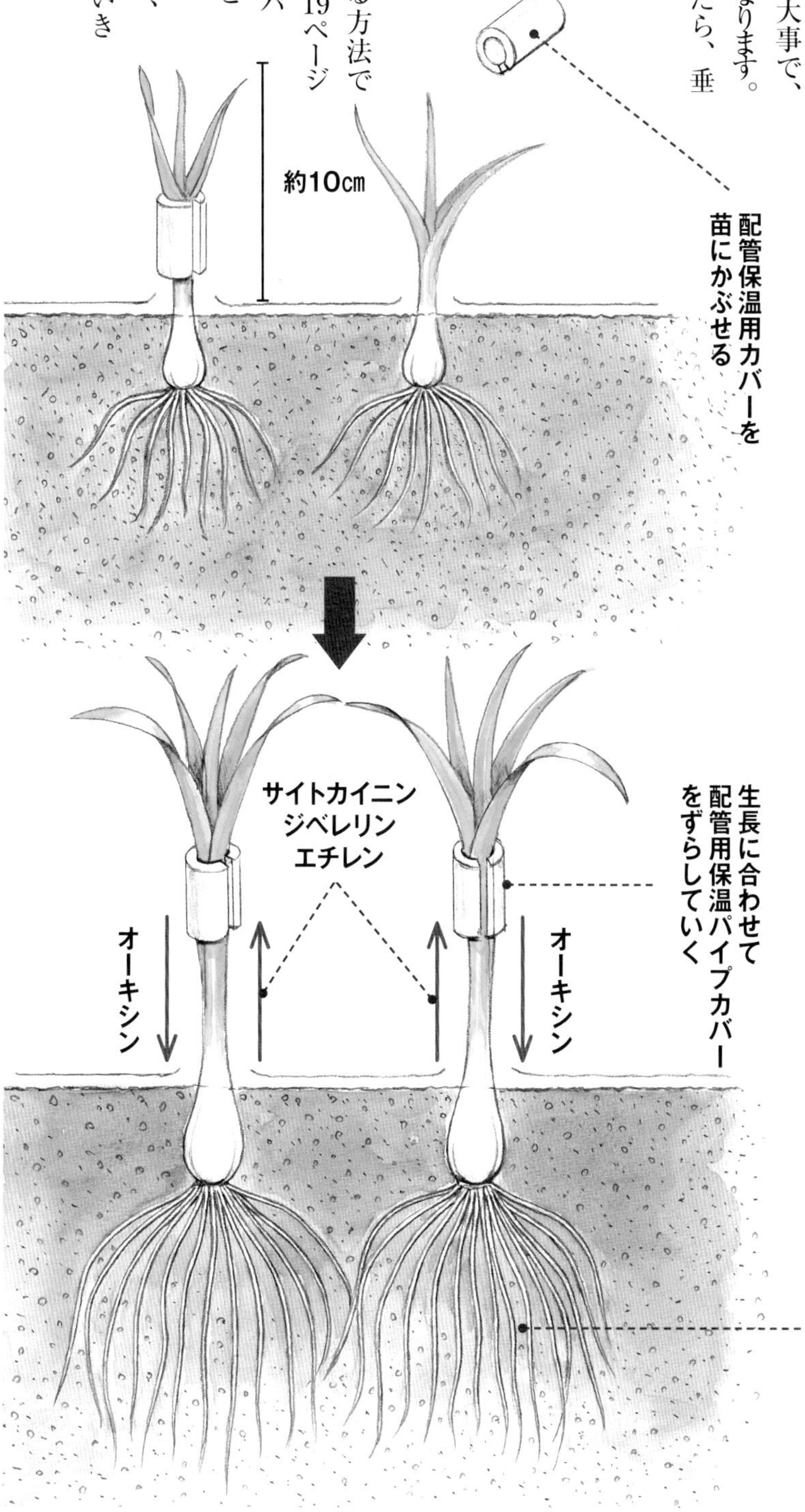

**根量が増加し地上部も生長**

オーキシンの活性が高まって発根が促されます。地下では根量が増加し、根の先端で生成されるサイトカイニン、ジベレリン、エチレンの量も増え、その結果、地上部の生育も促されます。

## ❸メンテナンス

### 垂直仕立ての継続とマルチ穴の除草

ニンニクは、植えつけたあとはほとんど手間がかかりません。

翌春、気温が上がってくると葉が伸び出します。葉の伸長に合わせて、垂直仕立てを続けます。

支柱を立てて誘引している場合は、誘引ヒモを高い位置で縛り直します。また、配管用保温パイプカバーを利用している場合は107ページのイラストの通りにカバーを上方にずらして、引き続き葉を垂直にキープします。

葉の量が増えてきたら、2本のヒモで挟む方法に切り替えるのもおすすめです。畝に杭を打ち込んで、ヒモを張って葉が倒れないように支える方法です。104ページのイラストを参考にしてください。

葉が生長したら、ヒモを張る位置を上方にずらして対応します。

5月にニンニクの芽が出てきます。放置しておいても構いませんが、炒めて食べるとおいしいので収穫しましょう。

また、暖かくなるとマルチの植え穴から雑草が生えます。目立ってきたら除草しておきましょう。

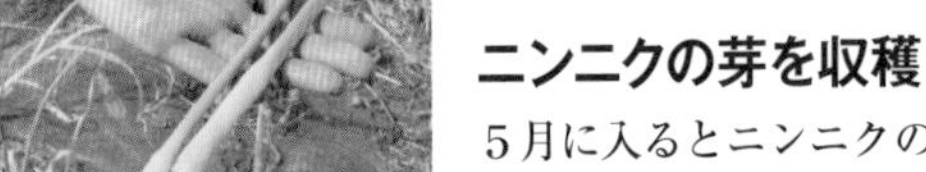

**ニンニクの芽を収穫**

5月に入るとニンニクの芽が伸び出します。畑を見回ったときにニンニクの芽を見つけたら収穫しましょう。ちなみに、手でポキッと折り採れる部分までがおいしく食べられるやわらかい部分です。

**2本のヒモで葉を挟んで垂直仕立てにするのもおすすめ**

地上部が大きく育ってきたら、2本のヒモで葉を挟んで立てる方法もおすすめです。とくに、ニンニクの株数が多い場合はこの方法がラクです。写真は「リーキ」の畝です。道法流垂直仕立てを実践している島根県邑南町（おおなんちょう）の上田郁生さんが育てているものです。葉が育って垂れてきているので、このあとヒモを張り直して葉を立てました。この方法は、葉物野菜の垂直仕立て栽培をするときにも便利です。

島根県の上田郁生さんによる、リーキの垂直仕立て栽培の実践例です。ちなみにリーキは、西洋ネギ、ポロネギ、ニラネギなどとも呼ばれるネギの一種です。

## ❹収穫

### 葉が枯れだしたら収穫する

6月に入って葉が枯れ始めたら収穫します。天気のいい日を選んで収穫しましょう。通常栽培と違い、栽培終盤でも生長促進ホルモンであるジベレリンが活性化しているため、葉の青さが残っているのが特徴です。

栽培期間を通して、オーキシンやサイトカイニンも高い活性をキープしており、細胞分裂、細胞の横方向への伸長も盛んです。そのおかげでジベレリンの働き（熟期を遅らす）が打ち消され、鱗茎の肥大が進んで通常栽培よりも大きな玉のニンニクを収穫できるようになります。

エチレンの生成量も多く、アザミウマ、タネバエなどの害虫もつきにくく、春腐れ病などの病気も気にならなくなります。

1 収穫は地上部の下葉が枯れ始めたら行います。地際を確認すると、充実した鱗茎が育っているのがわかります。2 ニンニクをまっすぐに引き抜いて収穫します。数日好天が続いた日に収穫するとよく、貯蔵性が高まります。3 ニンニクを引き抜いたら2日くらい畑に置いて乾かしておきます。その後、根と葉を切り落として束ね、風通しのいい場所に吊るして保存します。

## ❺保存

### 日が当たらない場所に吊るして長期保存

畑に2日ほど転がしておいたニンニクを取り込みます。

左の写真のように根と葉を切り落とし、外側の皮を1～2枚むいて土がついていない状態にします。

これを4～5個ずつ束ねて、軒下や納屋の中など、直射日光が当たらず風通しのいい場所に吊るしておくと、長期保存が可能です。タネ球として利用することも可能です。

ニンニクに土がついていると傷みが出やすくなります。保存する際には皮をむいて、きれいな状態にしておくのがおすすめ。これを吊るしておきます。

# 20 タマネギ

ヒガンバナ科

## 締まりのいい大玉に育ち、保存性も向上

越冬して春になると地上部がグンと生長し、5月から鱗茎が大きく膨らみだします。6月に葉が倒れだしたら収穫のサインです。

苗を植えたら、麻ヒモなどを2本張って葉を挟み、垂直に立たせて育てます。冬の間にも根がよく発達して、その後の生育に好影響を与えます。草丈の伸長に合わせて、張ったヒモの位置を徐々に高くしていきましょう。

締まりのいい大玉に育ち、保存性がよくて腐れが出にくいのが、垂直仕立てタマネギの特徴です。

### 苗を植えたら葉を立て根を発達させる

タマネギの苗を植えるのは、中間地では11月上旬です。堆肥や肥料を入れずに畝をつくり、黒マルチを張っておきます。

2本のヒモを株ごとにクロスさせながら張って葉を立たせます。園芸用のコットンロープを使用。

味のいい大玉が採れます。軒下などの風通しのいい場所に吊るして保存し、長く食べつなぎましょう。

■タマネギの栽培スケジュール（中間地）

| | 1 | 2 | 3 | 4 | 5 | 6 | 7 | 8 | 9 | 10 | 11 | 12 |
|---|---|---|---|---|---|---|---|---|---|---|---|---|
| タネまき・育苗 | | | | | | | | | ■ | | | |
| 苗の植え変え | | | | | | | | | | | ■ | |
| 収穫 | | | | | ■ | ■ | | | | | | |

■タネまき・育苗　■苗の植え変え　■収穫

# 21 ネギ

ヒガンバナ科

## 育ちが早く、さび病、アザミウマ被害が出にくくなる

東京都の菜園家、福田俊さんの畑のネギです。株間5cmで深さ約20cmの穴をあけ、ネギ苗をストンと落とす「落とし植え」でスタート。活着後に板で壁をつくり軟白部を伸ばしていく育て方です。

### ヒモで挟むか、板で挟んでネギを立てて育てる

葉ネギ、長ネギとも、苗の植えつけは5～7月に行います。

植え方はみなさんが普段行っているやり方と同じです。違うのは堆肥や肥料を与えないことです。長ネギは軟白部を伸ばすために土寄せをしますが、その際に追肥を与えることもしません。

植えたネギが育ってきたら、前ページのタマネギ同様にヒモを張って葉を立たせて育てます。

上の写真のように、ネギの畝の両端に杭を打ち、板をネジ止めして壁をつくり、ネギを挟んで立てて育てる方法もおすすめです。

草丈の伸長に合わせて板を追加して壁を高くしていくといいでしょう。この方法なら、土寄せをしなくても軟白部が伸びます。

#### ■ネギの栽培スケジュール（中間地）

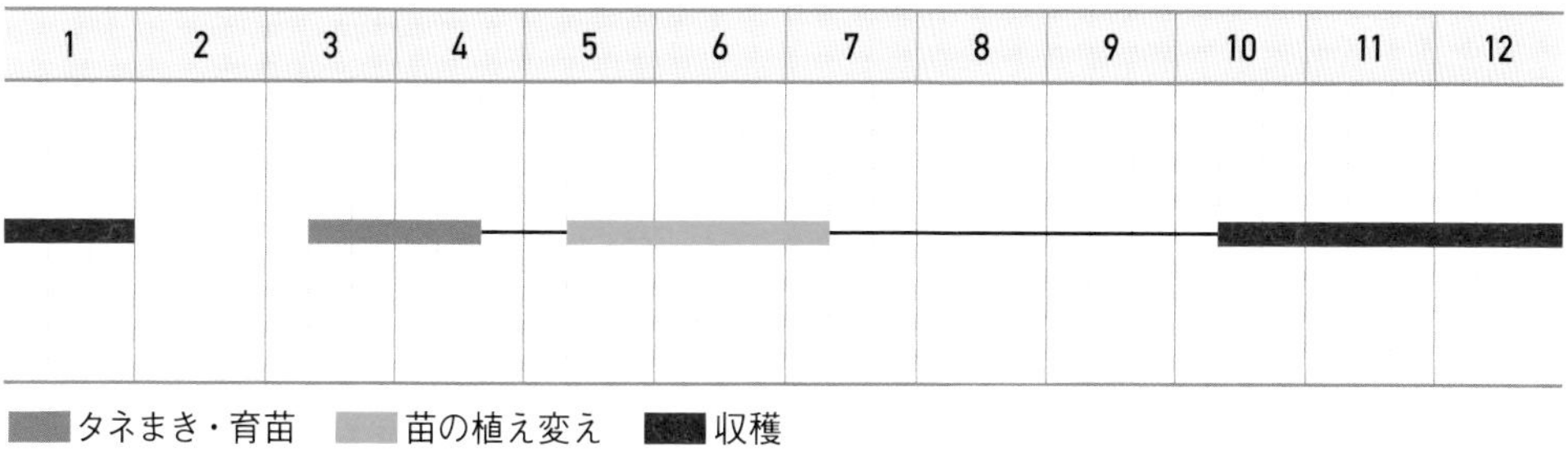

| 1 | 2 | 3 | 4 | 5 | 6 | 7 | 8 | 9 | 10 | 11 | 12 |
|---|---|---|---|---|---|---|---|---|---|---|---|
| 収穫 | | タネまき・育苗 | タネまき・育苗 | 苗の植え変え | 苗の植え変え | 苗の植え変え | | | 収穫 | 収穫 | 収穫 |

■タネまき・育苗　■苗の植え変え　■収穫

22

# ジャガイモ

ナス科

## 収量が増える、キメの細かい肉質のジャガイモになる

ジャガイモ1株1株に支柱を立てて、茎をギュッと束ねて縛ります。この姿で収穫まで育てます。植物ホルモンが活性化するため、地下では品質のいいイモが肥大します。

■ジャガイモの栽培スケジュール（中間地）

種イモを植える　収穫

# 通常栽培との違い

## 葉は緑が残っているのにイモはしっかりと充実

みなさんご存じのように、ジャガイモは収穫が近づくと地上部が枯れだします。これは「元気ホルモン」であるジベレリンの活性が下がり、代わってエチレンの活性が勝って老化が進むためです。エチレンには熟期を促進する働きもあります。

さて、収穫前には通常栽培のジャガイモの地上部はすっかり枯れていても、垂直仕立て栽培の方では、緑の葉が残っています。ジベレリンが働いていることがわかります。これはニンニク（104ページ参照）と同じ原理です。

ジベレリンが働いているうちは熟期が遅れ、本来であればイモはまだキメが粗くてまずいはずです。それなのに、垂直仕立て栽培のイモはなめらかでおいしいのはなぜでしょう?

これは、サイトカイニン、オーキシン、エチレンなど、ジベレリン以外の植物ホルモンが高いレベルでバランスよく活性化しているためです。

119ページで通常栽培と垂直仕立て栽培のジャガイモの食味比較を紹介します。通常栽培のイモもおいしいのですが、キメの粗さが少々気になりました。

この原因は、ジベレリンの活性が下がっているのに（事実、地上部は枯れています）植物ホルモン全体の活性が低くてバランスも悪いため、ジベレリンの影響が出て熟期が遅れたと考えられます。また、通常栽培では腐ったイモがいくつか出ましたが、これはエチレンの生成量が不足していたことを物語っています。

あらゆる植物ホルモンの活性をバランスよく高めることが、いかに重要なことであるかがわかる、そんな食味比較です。

**収穫期にも緑の葉が残る**

種イモを植えてから約3か月でジャガイモは収穫期を迎えます。垂直仕立て栽培を行うと、ジャガイモは収穫期になっても地上部の葉が緑色を残しています。けれども地下では、しっかりと充実した食味のいいイモが育っています。

## ❶土づくり

### 耕して畝をつくったら黒マルチを張っておく

垂直仕立て栽培では堆肥や肥料を施しません。ジャガイモを植えつける前に土を耕すだけで十分。水はけが悪い土地なら畝を高めにつくっておきます。

黒マルチを利用するとよく、ジャガイモの育ちがよくなり、雑草抑えにもなります。また、栽培途中で行う「土寄せ」が不要になります。

さて、ダイコンの垂直仕立て栽培でも触れましたが、耕しているときに石ころを見つけてもそのままにしておいてください。拾って畑の外に出すことはしません。（88ページ参照）

根が石に当たると細根が増えることがわかっており、植物ホルモンがより活性化するため、病虫害や天候不順にも強くなります。

畝には黒のマルチフィルムを張って植えつけに備えます。地温が上がって、土が適潤をキープするため、ジャガイモの発芽が早まるメリットがあります。初期生育も大いに促されます。

## ❷種イモを植える

### マルチに切り込みを入れ種イモを浅めに埋める

中間地では、3月に種イモを植えつけます。みなさんがお住まいの地域ごとの適期を守って植えましょう。

黒マルチにカッターで切り込みを入れ、種イモを土に押し込んだら1～2㎝覆土しておきます。

大きな種イモを切り分けて利用する方法もありますが、私は種イモを切ることはしません。切らずにまるごと植える方が自然だと思うからです。

株間と条間は30㎝程度。イラストのようにちどりに植えるといいでしょう。

通常の栽培法と比べて若干密植気味ですが、問題はありません。あとで茎を垂直方向に誘引して育てるため、日当たりや風通しはしっかりと確保できます。

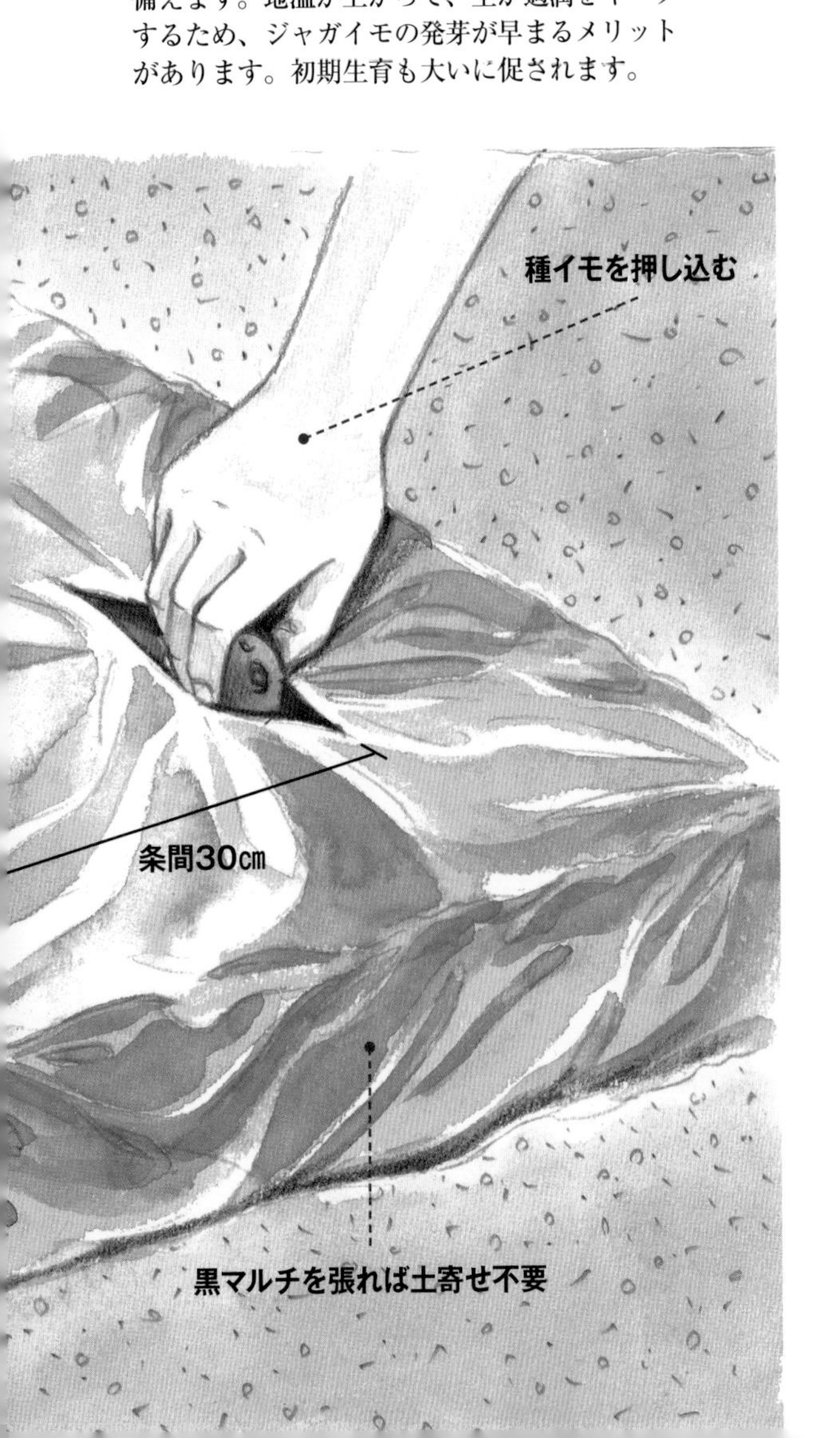

## ❸寒さ対策

### 不織布のべた掛けかトンネルを掛ければ安心

植えつけ後、約3週間で芽が地上に出てきます。

ただし、その頃にはまだ寒い日があり、強い霜にあたるとせっかく出た芽が枯れてしまう恐れがあります。

あとを追って新しい芽が出てきますが、収穫までの栽培期間がそれだけ短くなります。春先の栽培初期には寒さ対策を講じて、最初に出た芽を霜から守って大事に育てましょう。

霜対策には不織布が有効。畝に不織布をフワッとかぶせておく〝べた掛け〟をしておくと、霜でやられる心配がなくなります。下の写真のように、不織布のトンネルで畝全体を覆っておく方法もあります。

4月に入ったらべた掛けやトンネルは撤去し、垂直仕立て栽培をスタートさせます。

不織布のトンネルは、ジャガイモの幼い芽を霜から守ってくれます。不織布のほか、寒冷紗や穴あきビニールも利用できます。春先の気温が低い地域では、とくに寒さ対策を講じる必要があります。

ポイント

# 芽かきをしたら垂直誘引をスタート

## 茎が横に広がらないよう生長に合わせて縛る

4月に入って芽が約15cmの高さに育ったら、芽かき作業をします。細くて弱々しい芽を引き抜き、強い芽を4本残してください。この4本を垂直に誘引して育てていきます。

なぜ4本か? トマトやナスの栽培でも紹介しましたが、垂直仕立て栽培では、伸ばす茎や枝の数は偶数本にするのが基本です。奇数本を縛ると、そのうちの1本が必ず弱ってしまうからです。

芽かきをしたら種イモのすぐ脇に高さ1m程度の支柱を立てます。ジャガイモの根が多少切れても構わないので、できるだけ株に近いギリギリの位置に立ててください。

支柱を立てたら、4本の芽を麻ヒモなどでくくりつけて垂直に誘引します。茎と支柱の間に隙間ができないよう、しっかり縛るのがポイントです。その後も生長に合わせて、2~3回縛って垂直方向に育てていきます。茎が横に広がらないようにすることが何よりも大事です。

誘引作業には麻ヒモのほか、園芸用の粘着誘引紙テープが便利です。ホームセンターなどで売られているので試してみてはいかがでしょう。ジャガイモ栽培以外にも使えます。

**手で土を押さえてわき芽を抜く**

芽かきをする際にはちょっとした注意が必要です。写真のように、株元を手で押さえて指の間に芽を挟んだ状態にして、芽をつまんで引き抜きましょう。手で押さえずに芽を抜こうとすると、種イモごと地上に持ち上げてしまうことがあります。

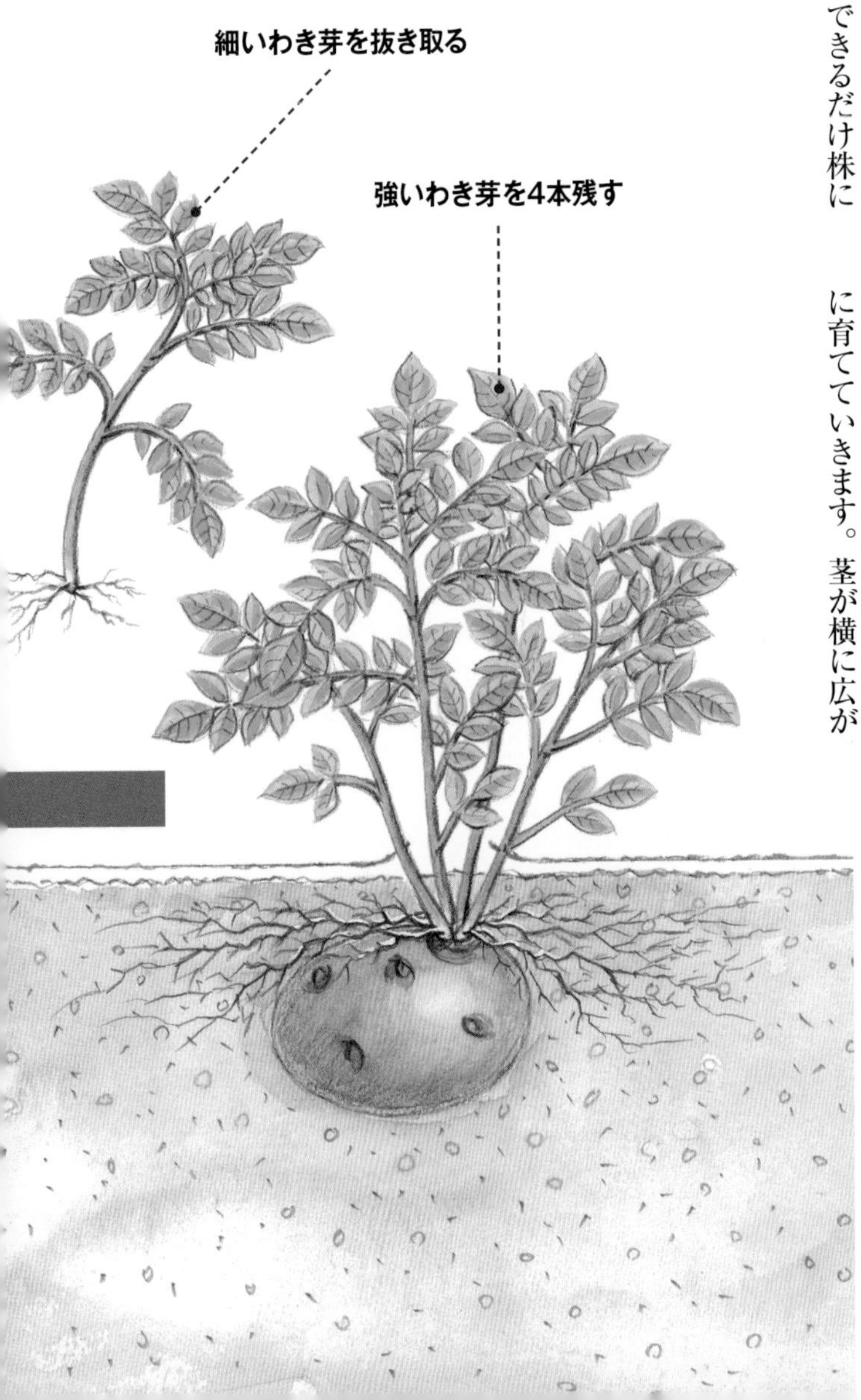

細いわき芽を抜き取る

強いわき芽を4本残す

## 生長に合わせてヒモで茎を縛る

生長に合わせて、横に広がろうとする茎を適宜束ねて縛ります。なお、生育中に地際からわき芽が生えてきたら引き抜いてください。４本の茎だけを伸ばしていきます。

## ２本のヒモで挟んで茎を立ててもいい

**1** 畝の両端に支柱を立て、２本のヒモを張ってジャガイモの茎を挟んで垂直に仕立てます。**2** ヒモがたわむのを防ぐため、何か所かに細い棒を立ててヒモをくくっておきます。

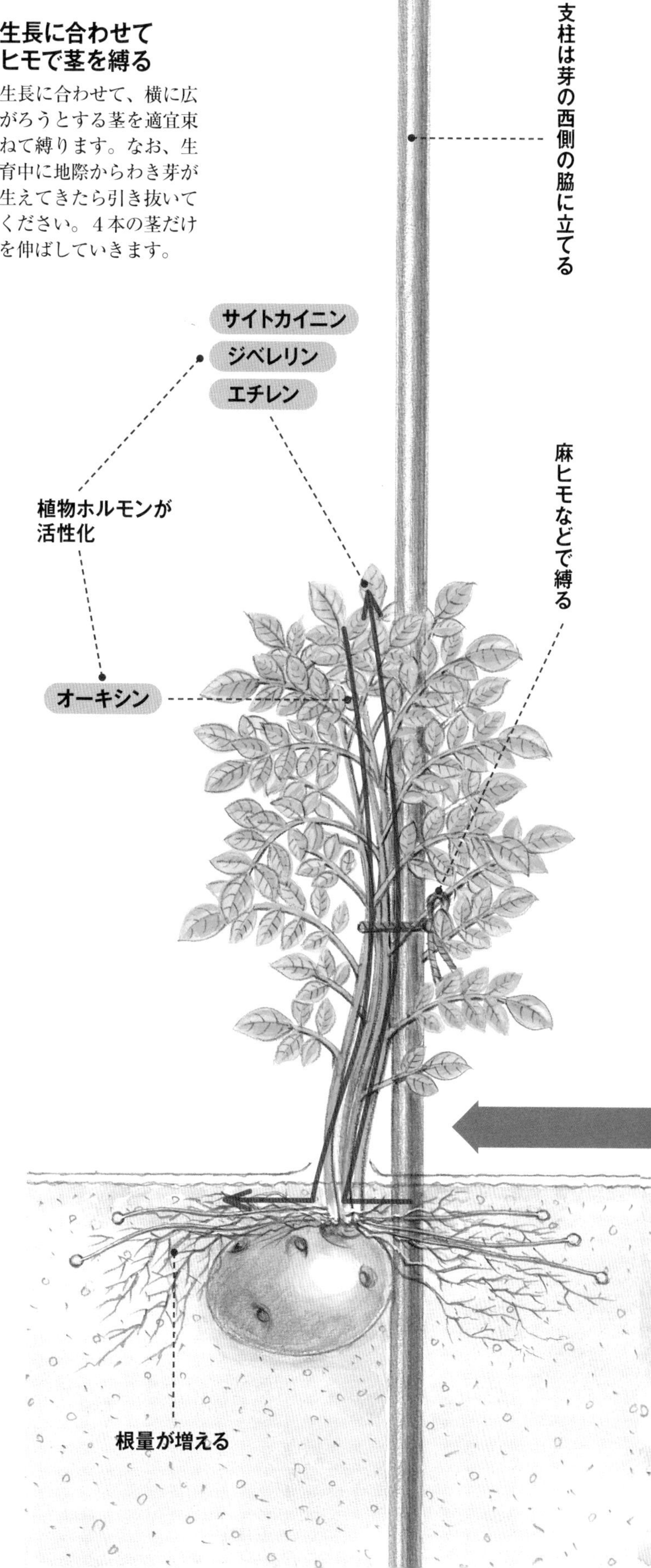

## ❹収穫

### 地上部が枯れてきたらマルチをはがして収穫

6月下旬～7月上旬、地上部が枯れだしたら収穫します。好天が続いた日を選ぶといいでしょう。

ヒモをほどいて支柱を抜き、地上部を刈り取ります。黒マルチをめくると、土の表面にイモが見え隠れしています。手で探りながら、取り残しがないよう拾い集めましょう。

1 梅雨の高温期に生長が止まり、葉が枯れだします。2 3 地際で茎を刈り、黒マルチをはぎます。4 イモを収穫。土寄せをしませんが、黒マルチは光を通さないためイモが緑化しません。

### キメが細かくてなめらか！おいしいイモが採れた

兵庫県神戸市で農業を営む中川優さんが行った、ジャガイモの垂直仕立て栽培と通常栽培の比較栽培を紹介しましょう。

毎年、自然栽培セミナーを中川さんの畑で企画開催しており、中川さんはさまざまな野菜で垂直仕立て栽培の比較実験をしてくださっています。

興味深いのは収穫前のジャガイモの地上部です。左ページの写真上を見るとわかりますが、6月29日の時点で垂直仕立て栽培のジャガイモの方にだけ、緑が残っています。

さて、収穫したイモの品質に差が出ました。まず、通常栽培では50個のイモのうち3個が腐敗していましたが、垂直仕立て栽培では傷んだイモはありませんでした。

さらに、イモを蒸してみたところ肉質のキメの細かさで両者に明らかな違いが出ました。

垂直仕立て栽培のイモはホクホクしていながらもとてもなめらか。一方、通常栽培のイモもおいしいのですが、ややパサついて舌ざわりが粗いのが気になりました。垂直仕立て栽培のイモがよりおいしいと、居合わせた誰もが評価しました。

地上部に緑が残ること、イモが腐敗しないこと、イモのキメが細かく味がよいことは、113ページで紹介したように、生育中を通して植物ホルモンが高レベルでバランスよく活性化していたことを物語っています。

なお、今回は収量の差は出ませんでした。これは畑の土中に残っている肥料分が効いているのが原因だと思われます。

堆肥や肥料を施さずに栽培を続けていけば、収量にも差が出てくるでしょう。

**垂直仕立て栽培**
**地上部に緑が残る**

**通常栽培**
**地上部は枯れて倒伏**

**6月29日 収穫直前の様子**

6月29日、通常栽培のジャガイモの地上部はすっかり枯れて倒伏しています。それに対し、垂直仕立て栽培のジャガイモの地上部には緑の葉が残っているのが見えます。ジベレリンの活性の高さによるものです。栽培期間が長くなるのは垂直仕立て栽培の特徴で、その分イモが充実するメリットが得られます。

**垂直仕立て栽培**　**通常栽培**

マルチをはいで収穫。垂直仕立て栽培区では傷んでいるイモはゼロで、通常栽培区のイモよりも、肌がきれいで色も鮮やかです。

1 垂直仕立て栽培のイモは比較的大きさがそろいました。通常栽培では小さなイモも混じり、ばらつきがあります。2 垂直仕立て栽培のイモはキメが細かくてなめらか。通常栽培区のイモはやや粗い食感。

# 23 ソラマメ

マメ科

## たくさんの実がなり、アブラムシがつきにくい

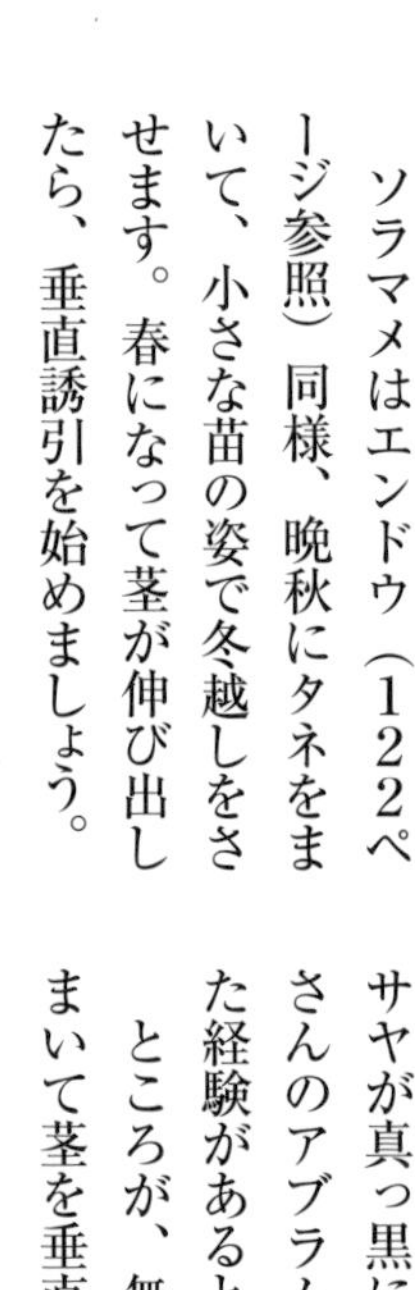

### 病虫害が気にならず おいしいマメが採れる

ソラマメはエンドウ（122ページ参照）同様、晩秋にタネをまいて、小さな苗の姿で冬越しをさせます。春になって茎が伸び出したら、垂直誘引を始めましょう。

肥料を使う通常栽培では、ソラマメには必ずといっていいほどアブラムシが発生します。生長点やサヤが真っ黒になるくらいにたくさんのアブラムシがつき、苦労した経験があると思います。

ところが、無施肥の畑にタネをまいて茎を垂直に仕立てると、アブラムシはほとんど気にならなくなります。これはエチレンの活性が上がっている証拠でしょう。

あらゆる植物ホルモンの活性が高まるため、サヤ数が増え、サヤの中には充実したおいしいマメが並びます。通常栽培と違い、空ザヤはほとんどありません。

収穫が近づいたソラマメです。垂直仕立て栽培を行うと、たくさんのサヤがつきます。サヤが十分に膨らみ、上を向いていたサヤが下向きに垂れてきたら収穫どきです。サヤの側面の筋が黒色になるのも収穫の目安になります。

アブラムシがついていましたが、支柱を立ててヒモで茎を束ねて縛って仕立てたところ、いつの間にかいなくなりました。

■ソラマメの栽培スケジュール（中間地）

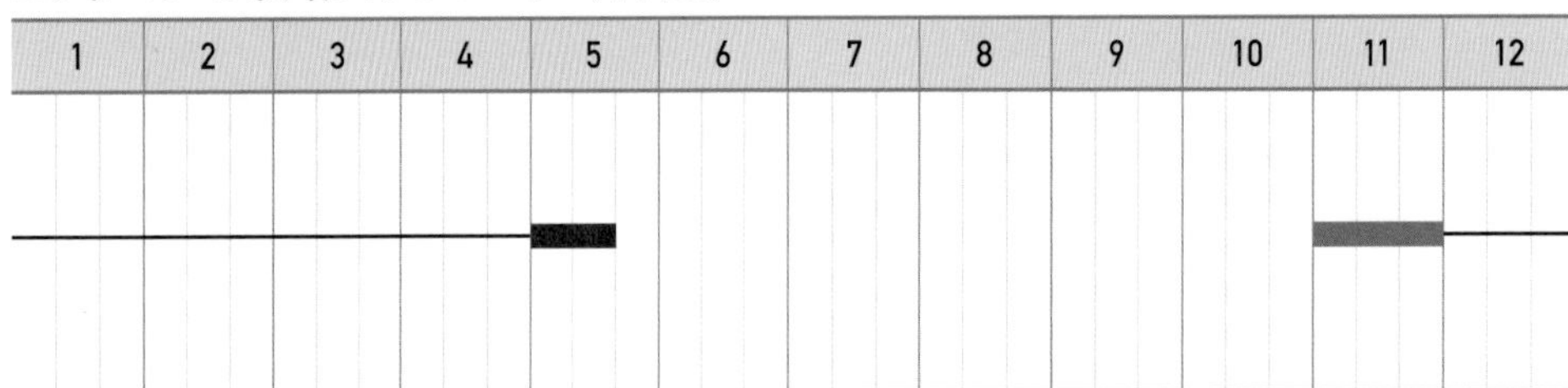


タネを直まきする　収穫

## ❶土づくり

### 堆肥や肥料を使わず耕すだけでいい

野菜を片付けて、畝の形を整えておきます。ソラマメは過湿を嫌います。水はけの悪い畑では畝を高めにつくっておきましょう。じめじめした場所では、タネが腐ることがあります。

## ❷タネをまく

### オハグロを下に向けタネを土に押し込む

株間30cm、条間40cmで1粒ずつタネをまきます。

オハグロ（ソラマメのタネについている黒い筋）を下に向けてタネを土に挿し込みます。乾き気味の畝ではタネを埋めて約2cm覆土し、また、湿気の多い畝では地面から少しタネの頭を出した状態でまくと、発芽がそろいます。

## ❸葉を立てる

### 草丈が10cmを超えたら垂直誘引を開始

草丈が10cmを超える頃から垂直誘引を始めます。

苗が小さなうちは、短めの支柱を立てて麻ヒモなどで縛って茎を立てるか、2本のヒモで挟んで茎を立てる方法がおすすめです。厳冬期には、不織布のトンネルを掛けて寒さ対策をしておくといいでしょう。霜傷みを防げます。

春になると草丈がグンと伸びます。枝を垂直に仕立てる工夫をしてください。株数が多い場合は、上の写真のように、支柱を横に渡しておく方法がおすすめです。枝が広がらず、育ちがよくなります。

## ❹収穫

### たくさんのサヤができ充実したマメがそろう

5月にうれしい収穫を迎えます。垂直仕立てで育てると、収穫期に入っても地上部は青々として元気そのものです。あらゆる植物ホルモンが活性化しているため、サヤの数が多くなり、しかも、サヤの中には充実したマメがしっかりとそろうようになります。

畝の両端に支柱を立て、麻ヒモを２本張って茎を挟んで誘引している例です。茎が伸びたらヒモの位置も上にずらします。

２列に植えたソラマメの枝が横に広がらないよう、竹を３本渡している例です。株数が多い場合はこのやり方が合理的です。

24

# エンドウ

## 糖度の高い実が、驚くほどたくさんつく

マメ科

垂直仕立て栽培のスナップエンドウです。花数が非常に多くなるのが特徴です。収穫期間が長くなり、収量がアップします。ツルを麻ヒモやネットにこまめにくくって誘引しています。

■エンドウの栽培スケジュール（中間地）

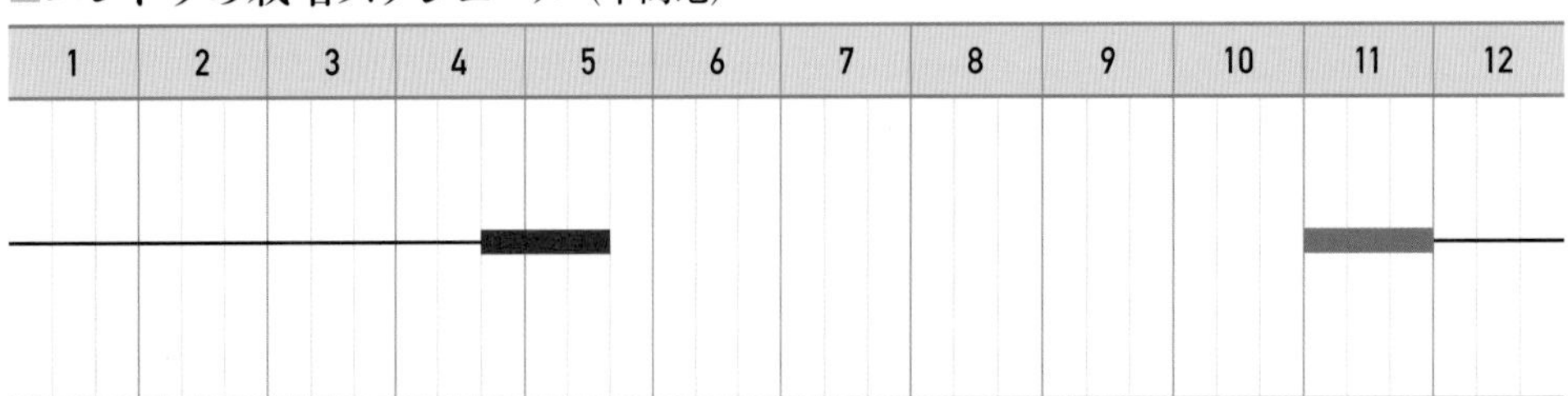

## 垂直に仕立てると驚きの実つき

エンドウには、若いサヤを食べるキヌサヤ、実を食べるグリーンピース、実とサヤを食べるスナップエンドウがあり、初夏に味わえる人気が高い野菜です。

ツルが長く伸びるので、立てた支柱に園芸ネットを張り、キュウリ同様に垂直方向に誘引して育てます。ジベレリン活性が続き、栽培終盤になっても通常栽培と比べてツルや葉は青々としたままで、実のつきもなかなか衰えません。糖度の高い実を収穫できます。

雨よけハウスの中で育てている例です。天井から垂らしたヒモにツルを固定し、垂直に吊るして育てています。たくさんのサヤがついているのがわかります。

## ①土づくり

### 堆肥や肥料を使わず耕すだけでいい

野菜を片付けて、畝の形を整えておきます。エンドウは過湿を嫌うので、水はけの悪い畑では畝を高めにつくっておきましょう。

## ②タネをまく

### 1か所にタネを3粒ずつ株間30㎝で1列にまく

中間地では11月中旬にエンドウのタネをまき、小さな苗で冬を越して、4月下旬～5月上旬に収穫します。

幅60㎝の畝を用意し、1列で育てます。株間30㎝で1か所に3粒ずつタネをまき、約2㎝の覆土とします。発芽後、双葉の形や色が悪いものはハサミを使って地際で切って間引き、元気のいい苗を2本残して育てます。

タネをまいたら不織布をべた掛けするかトンネル掛けにして、発芽を促します。鳥害も防げ、越冬の際の霜よけになります。

## ③垂直に誘引する

### 草丈15㎝程度から垂直誘引を開始

草丈が15㎝を超える頃から垂直誘引を始めます。苗が小さなうちは、短めの支柱を立ててツルを麻ヒモなどで縛っておきます。

春になって気温が上がるとツルが伸び出すので、その前に支柱を立てて園芸ネットを張っておきます。園芸ネットにツルが垂直方向に伸びるように固定してください。

## ④収穫

### たくさんのサヤができ実もサヤも甘くなる

垂直仕立てで育てると、驚くほどたくさんのサヤがつき、糖度が上がります。葉も青々として元気いっぱいです。あらゆる植物ホルモンが活性化しているためです。

サヤを味わうキヌサヤは実の膨らみ始めを若採りし、スナップエンドウは実が十分に膨らんだら、グリーンピースは実が膨らんでサヤにしわが出てきたら収穫します。

## Q ナスの実が枝の間に挟まって収穫しづらくなります…

### A しっかり縛って枝と支柱の隙間をなくしてください。

これはよくある質問です。枝の縛り方が緩いと、おっしゃる通りの事態になります。垂直仕立て栽培の基本は、枝を支柱にしっかりと縛りつけることです。ギューッと縛って隙間をなくせば、枝の間に実は挟まりません。

また、縛りが緩くて隙間があるということは、枝が垂直ではないことを意味します。植物ホルモンの働きを最大限にするために、枝をしっかりと縛ってください。ナスに限らず、トマト、ピーマンなどすべての野菜に当てはまります。

## Q ラッカセイの栽培では垂直仕立て栽培は不向きでは?

### A すべての茎を束ねて誘引しないで、真ん中あたりの1～2本だけを垂直に誘引してください。

ラッカセイも垂直仕立て栽培をすると、育ちがよくなります。

ただ、すべての枝を束ねて縛るようなことはしません。ラッカセイは花が咲いたところから子房柄(しぼうへい)が伸びて地下にもぐり、その先端に実がつきます。全部の枝を縛って誘引すると、実のつきを邪魔することになります。株の真ん中あたりの1～2本の茎だけを垂直に仕立てます。棒を立てて縛って垂直誘引するか、上からヒモで枝を吊るといいでしょう。

1本の垂直の枝が株全体の牽引車の役目を果たして、植物ホルモンが活性化して生長を助けます。

## Q トマトを合掌型の支柱で育てています。このままではいけませんか?

### A 今からでも支柱をまっすぐに立て直してください。

合掌型はトマトやキュウリを2列植えて育てるには便利な支柱組みです。ですが、支柱自体が斜めになっているため、垂直仕立て栽培とはいえません。

傾いた枝は立ち上がろうとし、その分だけオーキシンが消費されます。合掌型は、植物ホルモンの活性化にはマイナス要因です。

また合掌型では、わき芽の数が増えて管理が面倒になります。実のつきが落ちるのも問題です。

2列植えする場合、合掌型ではなく垂直に支柱を立てましょう。栽培の途中からでも垂直に仕立て直すことをおすすめします。その後は実のつきがよくなり、秋深くまで収穫を続けられるでしょう。

## Q トマトが支柱の高さを超えたらその後はどうしたらいいですか?

### A 枝の世代交代をするか、放任で栽培を続けます。

トマトの項(26ページ参照)で紹介した通り、古い枝を切り離して若い枝を伸ばす「世代交代」をして、低い位置から再び垂直仕立て栽培を行います。

もっともいけないのは、支柱の高さを超えたときに、先端(生長点)を摘芯すること。根の発達を阻害し、植物ホルモンのバランスが崩れます。先端を摘芯するくらいなら、放任してブラブラさせておいた方が好結果になります。

## Q 元肥を施したらトマトのわき芽が茂りアブラムシがついてしまいました…

**A 肥料を入れずに栽培してください。**

「トマトがモリモリ茂って、葉やわき芽でギュウギュウになり、アブラムシもついてしまいました。元肥を施したのが原因かと思っています」との質問でしたが、おっしゃる通りです。

野菜が窒素を吸うと根で生成される「エチレン」の量が低下し、病虫害に対する抵抗力が低下します。アブラムシが増えたのはそのためです。

また、わき芽が多く発生したのは「ジベレリン」の量が増えたためです。これも窒素肥料が多いと起こる現象です。

次回は肥料を入れずにトマトを植えて、垂直仕立て栽培を試してみてください。

## Q ギュッと縛れ、とのことですがどのくらいの強さで縛るのですか？

**A 支柱と枝の間に隙間ができないように縛れたら十分です。**

これも多く寄せられる質問です。枝や葉をまっすぐに垂直に仕立てるのは、生長点で生成されるオーキシンが途中で浪費されることなく、根まで最大量を届かせるのが狙いです。ですから、支柱と枝の間に隙間がないように縛れたら十分です。支柱に枝を沿わせるイメージです。

茎や枝が太って、ヒモが食い込むようならば、いったんほどいてくくり直すといいでしょう。

## Q 支柱が風で倒れそうで心配です。補強が必要だと思うのですが…

**A 必要に応じて支柱を追加して補強してください。**

「ズッキーニの垂直仕立てを試してうまくいきました。ただ、私の畑は風がとても強く、垂直に立てたネット支柱にゴーヤを這わせて育てると、21㎜径の支柱でもすぐに折れ曲がってしまうほどです。トマトやナスは1本の支柱に誘引するようですが、大丈夫か心配です」との質問です。

質問された方の畑のように日常的に風が強く吹き抜ける畑でなくても、強風対策は重要です。垂直に立てた支柱に斜めの支柱をプラスして強度を高めておくと安心です。22ページの「支柱を立てる」を参考にしてください。

## Q ツルが好きな方向に伸びてしまいキュウリの垂直誘引は難しいです…

**A 畑の肥料っ気が抜けていけば子ヅルの発生が抑えられ、誘引しやすくなります。**

キュウリはツルの伸びが早く、放っておくと、ネットにヒゲを巻きつけて好きな方向に這い上がってしまいます。頻繁に畑に通えない場合は、おっしゃる通り、垂直誘引はやや難しいかもしれません。

ただ、垂直仕立て栽培は無施肥の畑で行い、親ヅルの摘芯も行いません。肥料を使う通常栽培と違って、子ヅルの発生はそれほど多くなりませんから、垂直誘引はしやすいと思います。無施肥で栽培を続けて、畑の肥料っ気が抜けていけば、うまくいくでしょう。

# 垂直仕立て栽培は環境を汚さず持続可能な農業を可能にします。

## 健康・安全志向の家庭菜園にぴったりの栽培法

垂直仕立て栽培を実践してみると「野菜は肥料で育つものではない」ことに、つくづく気づかされます。元肥や追肥を与えて野菜を育てていた頃に経験した、あの害虫被害や病気の苦労は何だったのだろうと思うことでしょう。

肥料を使わず、農薬も使わずにおいしい野菜がたくさん採れる垂直仕立て栽培は、健康・安全志向の家庭菜園にぴったりの農法だと思います。これまでに施してきた肥料分が畑に残っているうちは、枝が茂りすぎたり、病虫害が出たり、多少の苦労があるかもしれませんが、2年目、3年目と肥料分が抜けていくに従って、垂直仕立て栽培の効果はどんどん顕著になっていくことでしょう。

●

垂直仕立て栽培は、家庭菜園だけでなく、生産農家さんたちの間にも広がりを見せています。堆肥や肥料、除草剤や農薬を使用しない、自然栽培で作物をつくろうとする農家さんが増えていますが、こうした農家さんたちが積極的に垂直仕立て栽培を学び始め、生産の現場に取り入れているのです。

化学肥料を使用する農法を「慣行農法」と呼び、現在の日本ではほとんどの農

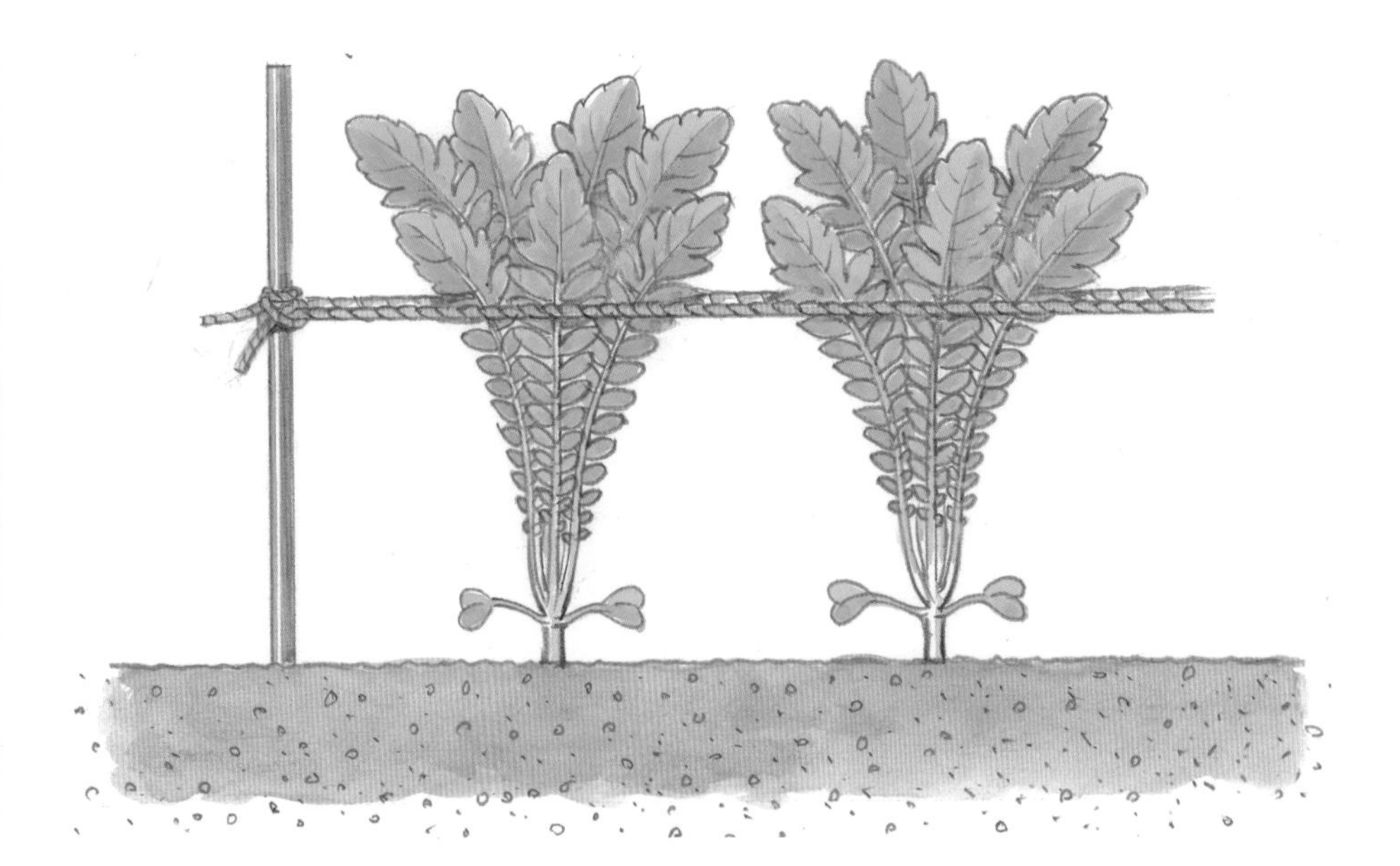

家さんがこのやり方で作物をつくっています。

慣行農法の場合、施した肥料が降雨によって流亡し、地下水を汚すことが問題としてずっと指摘されてきました。地下水の汚染は湖沼や海の富栄養化を招き、自然環境にダメージを与えます。また、慣行農法は農薬の使用が前提となっていますから、畑だけでなく、周囲の自然環境にも影響が及びます。これも問題です。

有機栽培であっても、畜ふん堆肥などの有機物を過剰投入している畑では、慣行農法とまったく同じ問題が起こります。

垂直仕立て栽培は、肥料や農薬に頼る必要がなく、枝や葉を垂直に誘引することで、野菜が持っているポテンシャルを最大限に引き出そうとする栽培法です。資源やエネルギーに頼って作物をつくるこれまでの農法とはまったく異なる農法で、自然環境を汚すこともありません。世界では今、環境を守り、持続可能な農業のあり方が求められています。垂直仕立て栽培はそのひとつの姿だといえるでしょう。

家庭菜園といえども、地下水の汚染源になることは問題で、許されることではありません。家庭菜園で安心しておいしい野菜を育てようと思ったら、同時に環境への配慮も忘れずにいたいものです。垂直仕立て栽培を大いに取り入れていただきたいと思います。

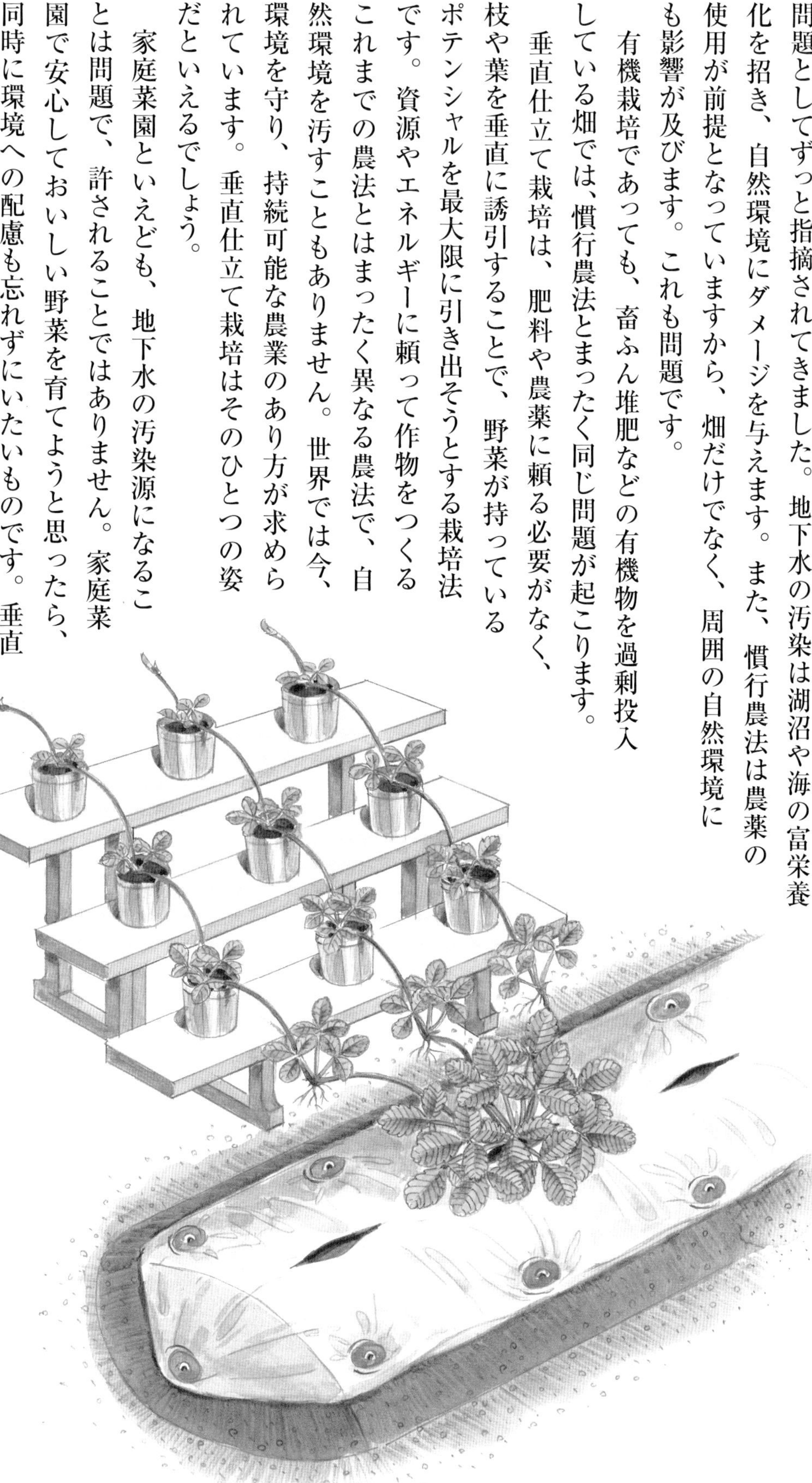

本書は、家庭菜園誌「野菜だより」（学研プラス発行）の２０１７年5月初夏号～２０１９年5月初夏号に連載した記事をまとめたものです。連載掲載中、垂直仕立て栽培を試した多くの読者のみなさんから、実践レポートが寄せられました。

本書の最後に、レポートのいくつかを紹介しておきましょう。垂直仕立て栽培を楽しんでくださっている様子が伝わってきます。

# 家庭菜園 垂直仕立て栽培レポート

## ナスの手入れがいつもよりラクになった

しげとみ菜園さん／埼玉県／菜園歴5年

ナスの垂直仕立て栽培を試してみました。自分の背丈を超えて大きく育ったので支柱を継ぎ足しました。

今回、垂直仕立て栽培をやってみて、面倒な吊り下げ誘引や剪定が必要なく、いつもより手入れが簡単になりました。何よりも省スペースになり、家庭菜園向きだと思います。すばらしい知見をいただきました。

## ジャガイモで成功 トマトは再チャレンジ

池田照美さん／岡山県／菜園歴4年

垂直仕立てを秋植えのジャガイモにしてみたところ、どれもよいジャガイモが収穫できました。ありがとうございます。トマトの垂直仕立ては失敗でした。わき芽がたくさん出てジャングルのようになってしまいました。再チャレンジします。

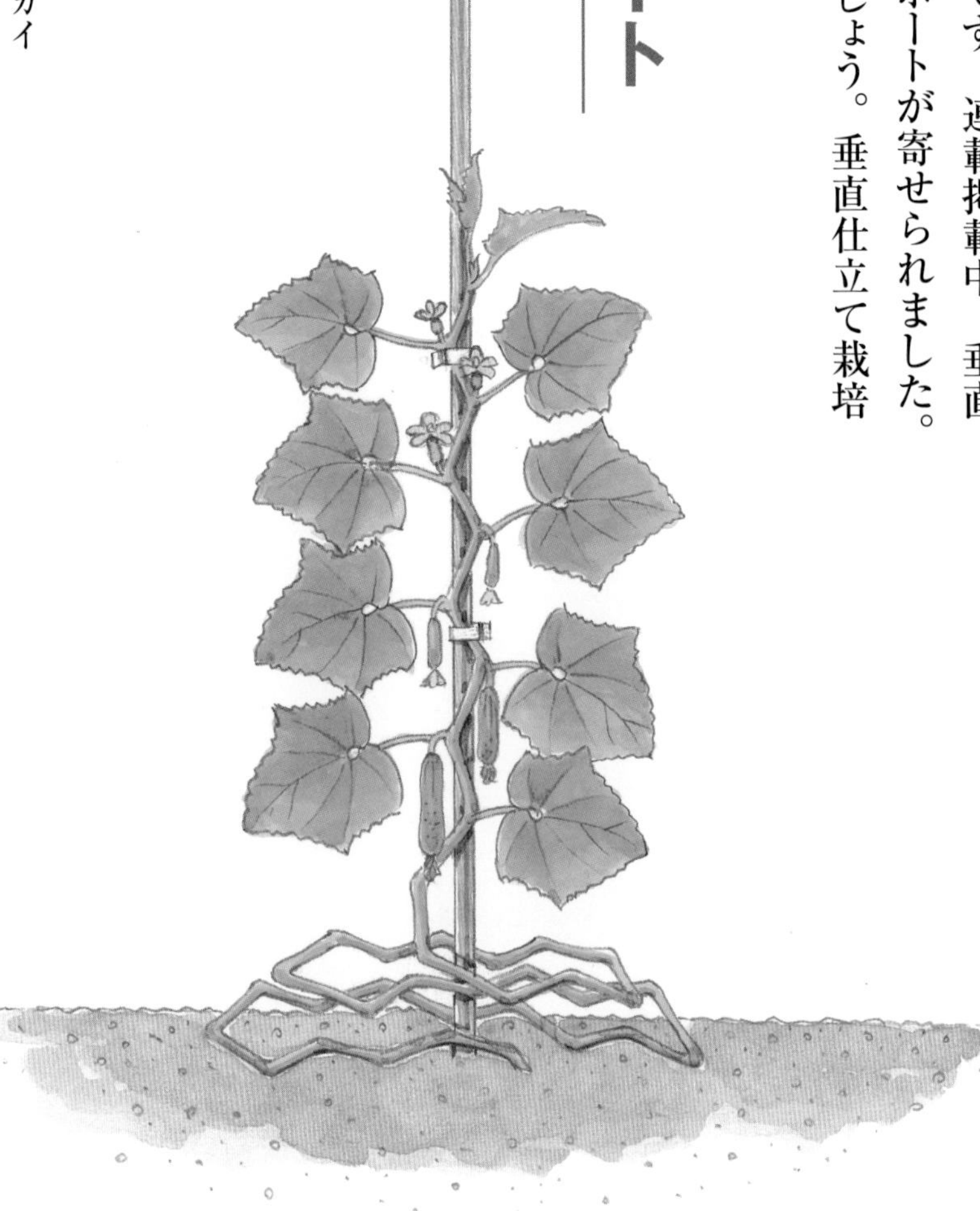

## トマトがおいしいと周囲から好評

ペキニーズさん／島根県／菜園歴3年

トマトの垂直仕立てを実践してみました。大玉もミニも大量に収穫できました。ただ、ヒモで何か所も縛るので6本仕立て、12本仕立てと正確に把握するのは難しいですね。それでもみなさんから「おいしい」と好評でした。収穫は長く続いています。

## 周囲の仲間から不思議がられています

クニチャンさん／神奈川県／菜園歴10年

道法流の垂直仕立てを今年から導入し、周りの仲間から不思議がられています。

仲間たちは昔のやり方をそのまま続けており、収穫も今まで通りで満足しているようですが、私はどちらかというと新しい植え方や仕立て方法を自分なりに試すのが好きな方です。垂直仕立ては収量が上がるので満足です。

## トマトの生長が早く花つきがよくビックリ

ともやんさん／滋賀県

トマトの垂直仕立てを実行しています。驚くほど生長が早く、たちまち私の身長を超えてしまいました。6本仕立てにしていますがもう支柱を超えようとしています。伸びた先はどうすればいいのか……？　本当に生長がよいこと、花つきがよいこと、ビックリすることばかりです。楽しいです。

## 7月の長雨でもトマトの実割れなし

おやちゃいバアバさん／兵庫県／菜園歴38年

垂直仕立て栽培を試してよかったです。いろいろな野菜をヒモでくくって育てましたが、トマトは7月の長雨に負けず、実が割れませんでした。ヒモでくくっていないトマトは実が割れました。

## ナスは草丈2m超え長期間収穫に成功

コウタンさん／長野県／菜園歴6年

垂直仕立て栽培をトマト、ナスで実践しました。ナスは2mほどに育ち、秋まで収穫できとてもよかったです。トマトは茂りすぎて管理に困りましたが、10月末まで収穫できました。ちなみに畑は長野県で標高720mのところにあります。来年もやってみます。

## 台風に負けなかった垂直仕立て

お忍び神津島さん／東京都／菜園歴6年

昨年の台風では市民農園の野菜がずいぶんと被害を受けました。

周りの区画でも強風で棚支柱がゆがんだり倒れたりしていましたが、我が区画の垂直仕立てのナスはまったくの無傷でした。枝を支柱にくくってあるので、風をまともに受けずに済んだおかげだと思います。

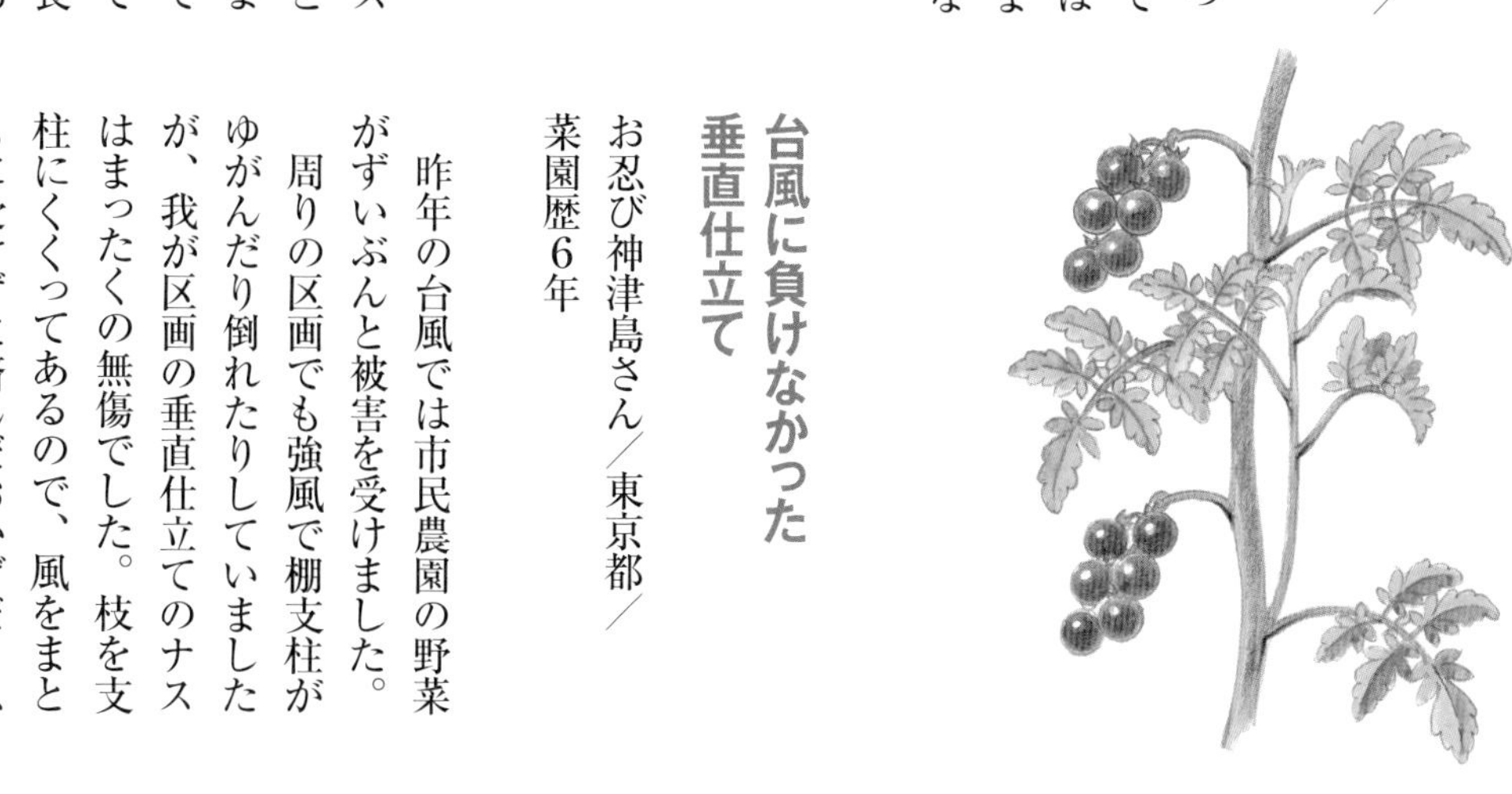

# 道法スタイル　野菜の垂直仕立て栽培

2020年３月31日　第１刷発行
2023年５月16日　第８刷発行

監　　修　道法正徳
発 行 人　松井謙介
編 集 人　長崎　有
企画編集　坂田邦雄
発 行 所　株式会社　ワン・パブリッシング
〒110-0005　東京都台東区上野３-24-6
印 刷 所　共同印刷株式会社

●この本に関する各種お問い合わせ先
本の内容については、下記サイトのお問い合わせフォームよりお願いします。
https://one-publishing.co.jp/contact/

在庫・注文については書店専用受注センター
Tel 0570-000346

不良品（落丁、乱丁）については　Tel 0570-092555
業務センター　〒354-0045 埼玉県入間郡三芳町上富 279-1



ワン・パブリッシングの書籍・雑誌についての新刊情報・詳細情報は、
下記をご覧ください。

https://one-publishing.co.jp/

編集制作　島田忠重（株式会社たねまき舎）
デザイン　Kanetani Design Office
イラスト　古谷 卓（有限会社1ミリ）
写　　真　鈴木 忍、編集部
写真協力　道法正徳
校　　正　株式会社フォーエレメンツ

**道法 正徳**

どうほうまさのり●1953年、広島県豊田郡（現呉市）生まれ。肥料を施さず、安全でおいしい果物・野菜づくりを提案。コスト削減、地球環境に重要な地下水を守る農業技術の普及に努めている。自身も呉市豊島で、レモンなどの柑橘類を1ヘクタール栽培しながら、全国各地に赴き、農業技術指導、現地指導、講演活動を行う。株式会社ナチュラル・ハーモニー（自然栽培野菜の販売会社）、津曲工業株式会社（総合建築会社）、ウシジマ青果株式会社、大成農材株式会社（フィッシュミール肥料の会社）の顧問。また、株式会社吉森、株式会社たらみ、有限会社元岡商店、伊勢茶輸出プロジェクト、JA尾鈴柑橘葡萄部会などで技術指導をしている。
株式会社グリーングラス
ホームページ
https://www.dohostyle.com/

※本書は『野菜だより』2017年5月初夏号～2019年5月初夏号に連載された記事を、加筆、再構成したものです。